dtv

Der Autor begibt sich mit Pilzhund Pauline auf Sporensuche. Wer Pilze sammelt, sammelt vor allem sich selbst, haben die beiden herausgefunden. Wer Pilze nur in die Pfanne haut, versäumt (wenn er es überlebt) das Wesentliche: Pilze essen macht satt, Pilze finden zufrieden und Pilze suchen glücklich.

Hans Helmut Hillrichs hält sich aufgrund seines weltabgewandten Hobbys für einen Glückspilz. Er leitet die Hauptredaktion Kultur und Wissenschaft im ZDF.

Hans Helmut Hillrichs

Pilze sammeln

Kleine Philosophie der Passionen

Deutscher Taschenbuch Verlag

Originalausgabe
August 2000

www.dtv.de

Umschlagkonzept: Balk & Brumshagen
Umschlagbild: © Alfons Holtgreve
Satz: Design-Typo-Print GmbH, Ismaning
Gesetzt aus der Bodoni Book 12/14 Punkt (QuarkXPress 3.32 Mac)
Druck und Bindung: C. H. Beck'sche Buchdruckerei, Nördlingen
Gedruckt auf säurefreiem, chlorfrei gebleichtem Papier
Printed in Germany · ISBN 3-423-20365-X

Inhalt

Unter dem Pilzmond

Der erste Pilz meines Lebens war ein Fliegenpilz, der überraschend menschenähnlich aussah. Er hieß Susanne, denn ein Mädchen aus der Nachbarschaft spielte ihn bei einem Herbstfest des Kindergartens. Vielleicht wusste sie schon, dass dies der einzige Bühnenauftritt ihres Lebens bleiben würde, denn sie spielte die Rolle souverän und rührte sich eine Stunde lang nicht vom Fleck. Für mich war das Ereignis in zweierlei Hinsicht bedeutsam: Ich bekam einen Eindruck davon, wie man sich täuschen kann, war künftig auf der Hut und habe den nächsten Kostümierten, der in mein Leben trat, unbeirrt als meinen Vater angesprochen, obwohl er sich als Weihnachtsmann ausgab. Vor allem aber lieferte mir der Auftritt einen schlagenden Beweis dafür, dass Pilze und Menschen eine Menge miteinander zu tun haben.

Einige Jahre später hat mein Onkel meinen Vetter, ein paar andere Kinder und mich zu einer richtigen Pilzsuche mitgenommen. Wir waren acht oder neun Jahre alt, und für die meisten von uns war es eine Premiere. Ich erinnere mich an hohe Buchen, harten bemoosten Boden und den Hinweis, dass es sich bei kleinen weißen Knubbeln auf der Erde, die wir Kinder ansonsten gar nicht beachtet hätten, um Familienneugründungen von Steinpilzen handelte. »Die sind das Beste, was der Wald hergibt«, sagte mein Onkel. Irgendwann später wusste ich, er hatte gelogen, denn ich erfuhr, dass er auch Wildschweine und Rehböcke aus dem Wald schleppte. Jedenfalls zogen wir Kinder in den darauffolgenden Tagen allein los, um nach den Steinpilznestern zu sehen. Und in der Tat, sie waren noch da und wuchsen!

Ich weiß noch, dass schlechteres Wetter kam, dass die Sommerferien zu Ende gingen, dass wir nicht mehr in den Wald durften oder uns nicht zusammenfanden und auf diese Weise den Steinpilznachwuchs aus den Augen verloren. Aber es war so etwas wie ein Anfang, und es hat immer wieder Anfänge gegeben. Den letzten erst vor sechs Jahren, als Paulines Vorgänger Leopold an einer Niereninfektion starb und ich in den Binger Wald fuhr, um dem leeren Haus zu entkommen (wenn ein Hund stirbt, ist das Haus, so viele Menschen auch darin sein mögen, trotzdem leer).

Es war ein später Septembertag, und es sah aus, als ob der Wald mich ablenken, aufmuntern, mir alle Lebendigkeit und alle Pilzpracht präsentieren wollte, deren er fähig war. Ich konnte es nicht glauben und war fassungslos: Die Steinpilze standen mitten auf dem Weg, sie waren hinreißend, makellos, unberührt und erweckten den Eindruck, als wären sie erst in der letzten halben Stunde gewachsen, um mich und keinen anderen zu beglücken. Natürlich war das eine egozentrische Interpretation, aber sie hat mich getröstet und mir gut getan. Leopold ist unvergessen, aber etwa sechs Wochen später kam Pauline ins Haus, von der noch zu berichten sein wird.

Dass es Edelpilze, Steinpilze, Herrenpilze in solcher Pracht und Fülle gibt, war mir in den fast fünfzig Lebensjahren zuvor nie bewusst geworden. Der Deister,

Schauplatz jener allerersten Pilzwanderung, hatte mich mit ergiebigen Funden der Bewunderungsklasse eins nie beglückt. Ein paar Pfifferlinge dann und wann, ein paar Butterpilze und Maronen, wenn man einen guten Tag hatte – das war es schon. Steinpilze waren die spektakuläre Ausnahme.

Da traf es sich gut, dass eine etwas exzentrische Freundin meiner Eltern frühzeitig den Blick auch für das unterprivilegierte Pilzgut schärfte: Mehrfach bot, um nicht zu sagen biederte, sie sich an, mich zur gezielten Suche nach Stockschwämmchen und einigen ähnlichen Pilzarten mitzunehmen, die ich im Vergleich zu den verehrten, aber vermissten Steinpilzen bisher mit Verachtung gestraft hatte. Irgendwann hatten meine Eltern das Neinsagen satt und ließen mich mitgehen. Mehrere dunkle Vormittage mit klebrigen Plastiktüten in nassen Wäldern waren die Folge. Es muss in der Zeit gewesen sein, als ich Schichtunterricht hatte und nachmittags von Barsinghausen aus noch mit Bus und Straßenbahn ins Gymnasium nach Hannover fuhr. Da ich den Morgen mit dieser Perspektive im Prinzip als verloren empfand, dachte ich mir: »Immerhin gibt es auch ein Leben vor der Schule.«

Die Zuständigkeiten in diesem Leben waren ansonsten in meiner Familie gut verteilt. Mein Vater kümmerte sich mit Vorliebe um das, was sprang und Spaß machte, Tennisbälle genauer gesagt, meine Mutter um das, was wuchs und satt machte. Für den Umgang mit Pilzen brachte das gewisse Einseitigkeiten mit sich: Mein Vater lernte nur das kennen, was in der Nähe des roten Sandes wuchs und was ihm die Pflichtrunden mit den diversen Dackeln der Familie im Laufe der Jahre in den Blick brachten. Auf diese Weise wurde er schließlich zum Experten für Täublinge. Meine Mutter wiederum, weniger auf den Wald als auf den Garten eingestimmt, wohin sich Pilze in der Regel nicht vorwagen, befriedigte ihre Wissbegier und vor allem ihr Sicherheitsbedürfnis durch verschiedene Pilzbücher, die sie in die Familienbibliothek einbrachte und die für mich genauso stimulierend waren wie die Praxis.

Das eine Buch war eher eine Fibel, ein dünnes Kompendium, eine Art Pilz-Brevier im Stil der fünfziger Jahre mit lakonischen Ratschlägen und reichlich verschwommenen Abbildungen. Das andere Buch war fast eine antike Kostbarkeit, ein altertümlicher Atlas mit imponierend lebensechten Pilzgemälden, gegen die die Natur sich anstrengen musste. Später, als ich mich einmal mit dem Lebenswerk Alfred Brehms beschäftigt habe, sind mir die wunderbar kolorierten Abbildungen in den frühen Ausgaben des ›Tierlebens‹ aufgefallen. Brehm, so ist zu erfahren, hatte stets die Bibel griffbereit, wenn er am ›Tierleben‹ arbeitete. Vielleicht hatten die Autoren und Illustratoren des Pilzbuches, das ich so bewunderte, den guten alten ›Brehm‹ neben sich liegen. Irgendwann verschwand das Buch, wie es schöne Bücher manchmal zu tun pflegen. Dafür wurde ›Knaurs Pilzbuch‹ angeschafft, das mir bis heute ein treuer Begleiter geblieben ist.

Es waren nicht nur die Bilder, es war auch die Fülle der neuen und ungewöhnlichen Namen, die die Bücher zu einer Fundgrube machten. Äpfel konnten Boskop und Cox' Orange, Biesterfelder oder Gravensteiner heißen und irgendwann war Schluss. Aber Pilze? Eselsohr, Hasenpfote, Kuhmaul und Mönchskopf war da zu lesen, Leuchtender Prachtbecher und Elastische Lorchel, Glockenverpel, Wasserkreisling und Schlüpfriger Kappenpilz, Kopfige Kernkeule, Krause Glucke und Bauchwehkoralle, Ziegenfussporling, Stachelbart und Ochsenzunge, Herkuleskeule und Herbsttrompete, Duftender Leistling, Eierschwamm, Hundsrute und Tintenfischpilz, Kuhroter Milchling und Riesenbovist, Lachsreizker, Stachelbeertäubling und Bluthautkopf, Träuschling, Tintling und Düngerling, Medusenhaupt, Nabelrötling und Nelkenschwindling, Fichtenzapfenrübling und Geselliger Ritterling, Elfenbeinröhrling und Lilablättriges Tausendblatt. Die Fülle der Namen schien unendlich.

Manche dieser Pilze habe ich vermutlich in der Natur nie zu Gesicht bekommen, und an vielen bin ich vorübergegangen, ohne sie zu identifizieren. Aber dass der Pilzwald sich bis weit in die Sprache hinein erstreckt, hat meiner Begeisterung einen weiteren Schub gegeben.

Und noch ein Anfang, zwischen allen anderen Anfängen: eine Erinnerung an meinen Großvater nach der Teestunde, die meine Großmutter regelmäßig nachmittags um halb fünf mit Plundergebäck und dampfendem Schwarztee zelebrierte. Mein Großvater war Malermeister, hatte einen Handwerksbetrieb, aber er malte auch Eiger, Mönch und Jungfrau, Mohnblumen und manches Stilleben. An einem Nachmittag zeigte er mir, wie man eine Tanne malt, mit der Spitze beginnend und mit symmetrisch gesetzten Zweigen, deren Spannweite nach unten jeweils ein bisschen zunimmt, die Oberseite der Zweige als durchgezogene Linie, die untere als gezackte Kontur. Es sah ganz einfach aus und funktionierte sogar bei mir. Unter der Tanne stand ein Pilz. An seine Linienführung erinnere ich mich nicht. Aber er war da, von Anfang an, und er machte sich gut unter der Tanne.

Nur der Stopfpilz meiner Großmutter, über den sie abends im Schein der Stehlampe unsere durchlöcherten Socken spannte, war noch ein bisschen runder und schöner. Mir kam es vor, als ginge der Pilzmond auf und läute die Gemütlichkeit ein.

Vielleicht aber hätten all diese magischen Momente nichts bewirkt, wenn es nicht auch einen Stachel gegeben hätte. Der saß tief, hatte erneut mit meinem Onkel zu tun und rutschte immer tiefer, solange ich in seinem und im Bannkreis des Deisters Pilze suchte und noch nicht meinen eigenen Pilzwald gefunden hatte. Mein Onkel war passionierter Jäger, der es bald zum Kreisjägermeister brachte und von daher mit einem Jeep in den Wald fahren durfte. So sehr wir uns auch mühten, unseren Aktionsradius per pedes zu vergrößern und versteckte Pilzecken im Deister aufzuspüren, so ärmlich sahen unsere Versuche gegen das aus, was mein Onkel aus dem Wald mitbrachte. Er kannte offenbar die geheimen und geheimnisvollen Stellen, an denen auch der Deister mit Steinpilzen nicht geizte. Zu allem Überfluss bildete er die größten Exemplare auch noch regelmäßig in der Heimatzeitung ab, die er zusammen mit meinem

Vater herausgab. Mein Vater hielt sich auf seine Weise schadlos und druckte im Gegenzug die eigenen Tennisergebnisse und die seiner Mannschaftspartner so gnadenlos ausführlich ab, dass die Zeitung ihrem Ruf als Familienunternehmen alle Ehre machte. Uns half das wenig, denn die Legenden, die sich um die Pilzfunde meines Onkels rankten, machten jeden eigenen Teilerfolg madig. Aber wahrscheinlich hat mich das mehr angestachelt als alles andere.

So kamen die Pilze in mein Leben. Und jeder kleine neue Anlauf – und sei es die Jagd auf unscheinbare Stockschwämmchen – stärkte ein merkwürdiges Gefühl, das vor der allerersten Pilzsuche nicht da gewesen war und das sich seitdem verstärkt, vertieft, verfeinert hat, ohne dass ich genau sagen könnte, worin es besteht. Aber ich möchte es nicht missen. Es muss mit dem Glück des Findens zusammenhängen, aber vor allem mit dem Glück des Suchens und dem Reiz des Verborgenen. Der Apfelbaum versteckt sich nicht, seine Früchte sind sichtbar vorhanden, man muss sie nur pflücken, und wenn sie nicht da sind, gibt es auch keine zweite Chance, sie trotzdem aufzuspüren oder ausfindig zu machen. Pilze sind erst einmal nicht anwesend, sie verstecken, verbergen, verschließen und tarnen sich, aber es gibt eine Wahrscheinlichkeit und eine Hoffnung, sie zu finden. Die Suche nach ihnen, so pathetisch und vermessen das klingen mag, ist vom Gefühl her (mögen die Sachen selbst auch Welten trennen) vielleicht nicht viel anders als die Suche nach dem Gral oder nach dem Schatz der Nibelungen. Sie bedeutet Aufbruch, Verheißung, Abenteuer, und je vergeblicher und erfolgloser der letzte Pilzgang war, desto mehr Spannung, Erfüllung, Belohnung verspricht der nächste.

Pauline, mein Pilzhund

Pauline ist eine sandstrandfarbene Golden Retriever Hündin, die im Herbst, also in der nächsten Pilzsaison, sieben Jahre alt wird. Nach Menschenjahren wären das 49. Kurz darauf werden wir gleichaltrig sein, und dann wird sie mir, was die Jahre angeht, schnell davonlaufen. Aber daran möchte ich nicht denken.

Wir lieben uns, heiß und innig. Dem entspricht die Fülle der Kosenamen, die ich für Pauline gefunden habe und die ich der Einfachheit halber auch auf meine Tochter anwende, zu deren Entsetzen versteht sich: Bully, Puka (Abkürzung für Puschkatze), PSH (Abkürzung für Pilzsuchhund, obwohl sie noch nie einen gefunden hat), Pücklein und Nufenen (unser beider Begeisterung für die Schweizer Berge ist grenzenlos) sind die geläufigsten.

Pilzgänge ohne Pauline finden in meinem Leben nicht mehr statt. Pauline spürt den einzigartigen Zeitfaktor einer Pilzsuche sofort. Für sie ist das die Luxusklasse aller Waldaufenthalte, dem hektischen Jogging oder dem mittelprächtigen Spaziergang weit überlegen. Um meinen Freunden die Behaglichkeit der Sache zu übersetzen, verwende ich gern die Formel »Golf mit Hund«. Paulines Dank ist eine geradezu ansteckende Entspanntheit. Ich nenne das R3, die Retriever Relaxation Response.

Paulines Verdienste um den Kern der Sache sind allerdings gering. Das Beste, was sich in dieser Richtung behaupten lässt, ist, dass sie noch nie einen Pilz umgetreten hat. Außerdem rechne ich ihr hoch an, dass sie rohe Pilze verschmäht beziehungsweise in Ruhe lässt. Angesichts der Tatsache, dass sie im Prinzip die ganze Welt für essbar hält, ist dies nicht hoch genug zu würdigen.

Weil ich Pilze tausendmal lieber suche als esse, ergänzen wir uns vorzüglich. Denn Pauline vernichtet alles, was nach Belieferung der Freunde und Nachbarn, nach Aussonderung einiger Prachtexemplare als Rücklage zum Trocknen und nach Erreichen der familiären Sättigungsgrenze von einer gelungenen Sporensuche übriggeblieben ist. Der schreckliche Gedanke, Pilze umkommen zu lassen, ist seit Paulines Ankunft in unserem Hause vom Tisch.

Paulines Vertrauen, dass keine Giftpilze in ihren Napf geraten, ist ebenso berechtigt wie unendlich. Aber es ist nur ein kleiner Teil ihres grenzenlosen Urvertrauens insgesamt. Pauline würde jedem Einbrecher die Hand lecken und ihn – das ist meine Überzeugung – auf diese Weise reumütig und bußfertig aus dem Haus treiben, der Tat sich schämend, die er noch gar nicht begangen hat. Paulines Vertrauen in den positiven, nahrhaften, schmerzfreien Lauf der Dinge ist – wie gesagt – unendlich.

Dieses Vertrauen ist zweimal enttäuscht worden. Einmal, als sie auf Katzenjagd vor ein fremdes Auto lief. Der Fahrer hat ihr das Leben gerettet, weil er trotz seiner Jugend über die Fähigkeit des Analogieschlusses verfügte und die Abfolge Ball/Kind augenblicklich auf die Entsprechung Katze/Hund hochrechnen konnte. Gottlob konnte er nicht wissen, dass diese Reihenfolge in Paulines Fall genauso gut umgekehrt lauten könnte. Pauline ist nämlich – bis auf gelegentliche Anfälle von Tollkühnheit – ausgesprochen furchtsam, pienzig, wie wir auf gut Rheinhessisch sagen.

Jedenfalls war der Kontakt mit der Stoßstange schmerzhaft, aber offenbar nicht gefährlich. Es dauerte trotzdem Stunden, bis wir Pauline unverletzt in den Feldern auftrieben. Der Schock darüber, dass es etwas gibt, das Schmerzen zufügt, saß tief. Pauline lebt in der realen Utopie einer Welt vor der Trennung von Gut und Böse.

Die zweite Trübung dieses Weltbildes hängt mit einer Pilzsuche zusammen. Es war ein verregneter Sonntag, und die Überraschung, Spaziergänger im Wald anzutreffen, war so groß, dass ich den Zeitpunkt verpasste, einem ätzend lilafarbenen Regenschirm, der sich auf abschüssigem Weg vor uns bewegte, unser Herannahen kundzutun. Zu dem Regenschirm gehörten vier Beine und einige unangenehm laute Sprachfetzen, die die morgendliche Stille aus dem Wald trieben.

Normalerweise pfeife oder rufe ich, noch in weiter Ferne, demonstrativ (und erfolglos) nach Pauline, wenn ich, ohne Hörrohre zu bemerken, dennoch den Eindruck habe, jemand ist so taub oder so unaufmerksam, dass ich ihn vor einer Überraschungssituation schützen muss. Dann drehen sich die Leute um, und Herr und Hund (falls dieser inzwischen beigekommen ist) können passieren.

Hier hatten wir den richtigen Moment längst verpasst und waren viel zu nah dran, um mit einem harmlosen »Guten Tag« einem Erschrecken vorzubeugen. Außerdem hätte es eine ziemlich lautstarke Grußformel sein müssen, um die ambulante Konferenz vor uns überhaupt zu erreichen. Also taten wir das Falsche und versuchten uns diskret an dem Schirm vorbeizumogeln.

Unser Verhängnis war, dass Pauline in dem Moment in einer Pfütze ausrutschte, als sie sich anschickte, den Regenschirm auf der rechten Seite zu umrunden. Sie schlitterte von hinten in ein paar Gummistiefel hinein und berührte mit der Schnauze das rechte der darin untergebrachten Hosenbeine in Höhe der Kniekehle. Das Entsetzen der zugehörigen Dame war so groß, als hätte Pauline ihre wirkliche Kehle erwischt.

Nach einem Schreckensschrei, der, wie ich zugeben muss, fatal echt klang, entwickelte sich folgende akustische Sachlage:

Sie: »Um Gottes Willen, er wollte mich beißen!«

Er: »Er hat versucht, sie in die Hacken zu beißen. Warum haben Sie ihn nicht an der Leine?«

Ich: »Das ist eine Sie, und die ist schüchtern und hat mehr Angst als Sie beide.«

Sie: »Das ist doch Blödsinn, das sagen sie alle – der tut nichts!«

Er: »Es sah auch ganz anders aus!«

Sie: »Er hätte mich fast gebissen, ich sollte Sie anzeigen!«

Ich: »Pauline ist ausgerutscht. Es tut mir Leid. Die einzige, die hier bissig ist, sind Sie.«

Er: »Dann beißt der also nie?«

Ich: »Niemals!«

Sie: »Dann kauen Sie ihm also das Essen vor?«

Ich: »Nur die Pilze, um zu gucken, ob sie giftig sind.«

Sie: »Hoffentlich!«

Pauline hatte inzwischen das getan, was sie in konfliktgeladenen oder ungemütlichen Situationen immer tut: den Abstand zum Unruheherd unauffällig, aber schnell zu vergrößern. Es war das Beste, was wir tun konnten, und als die empörten Stimmen hinter uns zurückgeblieben waren, klopfte ich ihr liebevoll den nassen Rücken. Was passiert war, musste faktisch als Peinlichkeit und konnte rhetorisch höchstens als Remis verbucht werden. Dennoch stieg klammheimlich so etwas wie ein Triumphgefühl in mir auf, das zusätzliche Erfolgserlebnisse beim Pilzesuchen nicht nötig machte. Der Regen tat ein Übriges, und so beeilten wir uns, zum Wagen zu kommen, und fuhren nach Hause.

Irgendwo tief drinnen habe ich mich nach diesem Erlebnis als Glückspilz gefühlt: Die schüchterne Pauline, die ich in Verdacht hatte, weltweit auf dem Spitzenplatz der Duckmäuser zu rangieren, hatte sich unvermittelt – wenn auch unfreiwillig – als Draufgängerin erwiesen. An ihr war keine Veränderung zu erkennen, aber aus meiner bescheidenen Pilzausbeute musste ich am Ende des Tages einige Satanspilze aussondern. So kleine und dem Steinpilz täuschend ähnliche hatte ich vorher nie gefunden. Es kam mir vor, als ließe der Teufel grüßen. Offenbar steckt in jedem Pilzhund, und mag er noch so pienzig sein, potenziell ein Höllenhund.

Wunderland

Am 2. April 1992 um 14.46 Uhr schickte die Deutsche Presse-Agentur eine sensationelle 24-Zeilen-Meldung in die Welt. Dass sie vergleichsweise wenig öffentliche Aufmerksamkeit fand und sich nur auf den Wissenschaftsseiten der Tageszeitungen in kurzen Zusammenfassungen niederschlug, mag an ihrem unscheinbaren Gegenstand gelegen haben. Nicht um Erdbeben oder Flugzeugabstürze, um Kriege oder sportliche Höchstleistungen ging es in der Meldung, sondern um einen Pilz der Sorte Hallimasch. Allerdings um einen ganz besonderen.

Amerikanische Botaniker, so ließ dpa verlauten, hätten ein gigantisches Exemplar dieser Spezies gefunden, dessen hundert Tonnen schweres Wurzelgeflecht hundertfünfzigtausend Quadratmeter Waldboden im US-Bundesstaat Michigan durchziehe. Unter Berufung auf die ›Washington Post‹, die einen entsprechenden Artikel in der Wissenschaftszeitschrift ›Nature‹ ausgewertet hatte, folgte dann ein Porträt des Sporenriesen, der sich mit dem Körpergewicht eines ausgewachsenen Blauwals messen kann. Sein furchterregender Flächenbedarf allerdings bleibt dem Auge eines ahnungslosen Spaziergängers weitgehend verborgen. Denn auch ein Gigant unter den Großpilzen kann sich dem Grundgesetz ihrer Existenz nicht entziehen: Das Zentrum aller Antriebskräfte, der Motor der produktiven und expansiven Entwicklungen wirkt als Myzel unter der Erdoberfläche.

Lediglich die Fruchtkörper, die als Sporenträger über dem Pilzgeflecht aus dem Boden schießen, schaffen den Aufstieg in die Welt des Sichtbaren.

Der Monsterpilz aus Michigan, so haben seine Entdecker herausgefunden, verhält sich auch sonst – bis auf seine Größe – streng artgerecht. Er ernährt sich von abgestorbenem Holz und Wurzeln und wächst dabei, wie die Wissenschaftler in Erfahrung gebracht haben, rund zwanzig Zentimeter pro Jahr. Aus der Wachstumsgeschwindigkeit einzelner Stränge darf auf ein Mindestalter von 1500 Jahren geschlossen werden. Der Super-Hallimasch hat demnach schon jetzt die Altersgrenze eines Mammutbaums erreicht, auch wenn er sich mit dessen Maximalgewicht von bis zu tausend Tonnen nicht messen kann.

Mammutbäume rekrutieren ihre Gewichtsmasse allerdings zu großen Teilen aus abgestorbenem Material, das in den Gesamtorganismus integriert wird und ihm Lebensfähigkeit und Lebensdauer sichert. Der untersuchte Hallimasch-Pilz hingegen, konnten interessierte Leser erfahren, ist rundum vital, erfreut sich bester Gesundheit und hat vor 64 Jahren sogar einen heftigen Waldbrand überlebt. Die dabei getöteten Bäume dürften ein gefundenes Fressen und eine willkommene Stärkung für ihn gewesen sein. Bilanz der dpa-Meldung: Die Rangliste der weltweit größten lebenden Organismen muss umgeschrieben werden; weder ein Blauwal noch ein Mammutbaum, sondern ein Pilz steht an erster Stelle.

Wer sich mit Pilzen einlässt, betritt olympischen Boden. Das ›Guinness-Buch der Rekorde‹ hätte eigens für sie erfunden werden müssen. Über 100 000 verschiedene Arten (von denen die Pilze in Wald und Wiese nur einen Bruchteil ausmachen) bilden ein Universum der Superlative, dessen Schlüsselqualifikationen und Spitzenleistungen sich allerdings nicht immer auf den ersten Blick erkennen lassen. Sie stehen auch nicht in der Zeitung, weil sie etwas ganz Normales sind – wie die unglaubliche Sporenmenge des Riesenbovists, für die eine Sieben mit zwölf Nullen geschrieben werden muss. 7 000 000 000 000 (in Worten: sieben Billionen) Sporen produziert jedes Exemplar des Pilzes, der groß wie eine Riesenschildkröte werden kann. Solange sein Fleisch weiß und fest ist, gilt er als ausgezeichneter Speisepilz und kann den Hunger ganzer Familien stillen. Der Riesenbovist wurde früher als Zunder verwendet, hat Imkern geholfen, Bienenvölker zu beruhigen, und enthält den Antikrebswirkstoff Calvacin.

Seit 400 Millionen Jahren bevölkern Pilze die Erde und haben ein Herrschaftsgebiet mit unendlich vielen Einflussmöglichkeiten auf den menschlichen Alltag errichtet. Vieltausendfach längere Erfahrung im Umgang mit dem Leben, in den Strategien der Anpassung und der List des Überlebens – das sollte zu denken geben und bescheiden machen. Pilze haben schon mit Gelassenheit die Dinosaurier begrüßt, als diese die Bühne des Blauen Planeten betraten, und sie nach einer Zeitspanne von für uns unvorstellbarer Größenordnung wieder verabschiedet. Wie viele andere Lebewesen vor ihm geleiten sie jetzt den Menschen durch die Evolution hindurch und wieder aus ihr hinaus. Mag sein, dass es ein Atompilz ist, der zum Abschied grüßen wird; jedenfalls sind Pilze in allen ihren Erscheinungsformen nicht nur unermüdliche und unverzichtbare Begleiter unserer Zivilisation, sie spiegeln und protokollieren auch deren Auswirkungen – nicht zuletzt auf Kosten der eigenen Genießbarkeit, wie Tschernobyl gelehrt hat.

Schwamm drüber, könnte man sagen, wenn nicht genau dies das Prinzip wäre, nach dem des Menschen Lieblingspilze funktionieren. Wie ein Schwamm saugen sie auf, was ihnen der Boden, auf dem sie wachsen, zur Verfügung stellt. Das ist ihre einzige Chance und zugleich das Geheimnis ihres Überlebens. Denn Pilze sind – wissenschaftlich betrachtet – keine Pflanzen. Es fehlt ihnen das Chlorophyll, das Blattgrün, und damit die charakteristische Fähigkeit pflanzlicher Organismen, aus Licht und Luft Nährstoffe zu gewinnen. Stattdessen beziehen sie alle Kräfte und Säfte direkt aus dem Boden. Dies vor allem und das gut getarnte unterirdische Lebenszentrum der Pilze nährten die Legende, dass sie direkt aus der Unterwelt kommen, also Teufelszeug sind.

Lässt man sowohl den alten Verdacht als auch das neue Teufelszeug beiseite, das der industrielle Fortschritt den Pilzen zumutet, und konzentriert sich unvoreingenommen auf das, was sie selber von Natur aus mitbringen und produzieren, dann betritt man erst recht Wunderland. Auch jenseits der spektakulären Substanzen und Präparate, der Raritäten und Rekorde, der Gifte, Gegengifte und Gaumenfreuden, die wir dem Trüffel, dem Fliegenpilz oder dem Knollenblätterpilz verdanken, ist ein Pilzrevier ein faszinierender Zwergstaat voller Kostbarkeiten und Kuriositäten.

Über 5 000 Pilzarten tummeln sich in Europas Forsten und auf seinen Feldern. Etwa 2 500 davon verstecken sich im deutschen Restwald, in Wiesen, Dünen, Sümpfen, Mooren, und selbst die Kleinsten und Unauffälligsten, die Vernachlässigten und Missachteten, die sich keinen Mord zugute halten können, die weder berüchtigt noch berühmt wurden, brillieren mit einem Feuerwerk von Fähigkeiten. Quer durch alle Arten und mit einem unermesslichen Reichtum an Variationen präsentiert sich Pilzland als Schlaraffenland, als ein genial organisierter und unerhört produktiver Mikrokosmos, dem der Mensch vielleicht nur deshalb so wenig Aufmerksamkeit schenkt, weil er manch Menschenwerk in den Schatten stellen kann.

Die Rechte zur Herstellung und zum Vertrieb von Milchprodukten beispielsweise liegen seit altersher uneingeschränkt bei den beiden Pilzfamilien Helmling und Milchling, deren faszinierendes Angebot die meisten Pilzsucher hochmütig übersehen. Wie kleine Kühe auf der Käferweide spenden die Mitglieder dieser Dynastien Milch in einer Vielfalt und Farbenpracht, dass eine Großmolkerei Existenzangst bekommen könnte. Orange- und safranfarbene, blütenweiße und blutrote Milch ist serienmäßig im Sortiment, weitere Nuancen gibt es auf Nachfrage. Selbst schwefelgelbe Milch stellt kein Problem dar. Sonderwünsche nach mehrfarbiger bis bunter Milch werden auf die Weise erfüllt, dass ein dem Pilz abgepresster Milchtropfen seine ursprüngliche Tönung noch einmal von orange nach karminpurpur oder weinrot wechseln kann. Die Produkt- und Farbskala der Firmenallianz Helmling & Milchling ist legendär und konkurrenzlos. Wettbewerber, die sich kurzzeitig im Milchwald etablieren konnten, sind längst wieder aus dem Felde geschlagen. Marktmonopol und Qualitätsgarantie müssen offenbar im Reich der Pilze keine Gegensätze sein.

Den Handel mit Fleisch – nach menschlichen Maßstäben müsste man eher von Fleischersatz sprechen – hat die ebenso unscheinbare wie unübersichtliche Großfamilie der Täublinge an sich gezogen. Ihre Spitzenleistungen entstammen ausschließlich der Eigenproduktion und sind auch deshalb unschlagbar, weil sie mit einem unerschöpflichen Arsenal von Aromastoffen kombiniert sind, das das Fehlen von Obst kompensiert, aber auch die Verwendung von Fisch (naturgemäß Mangelware im Reich der Pilze) sowie ein breites Spektrum hochgeschätzter Spezialitäten entbehrlich macht. So selten der Täubling in den edlen Pilzpfannen auch auftauchen mag, so beeindruckend ist der fast olympische Rekord, den er für die Geruchs- und Geschmacksnerven bereithält. Kein Supermarkt, keine Weinprobe und kein Delikatessengeschäft kann gegen diese Vielfalt ankommen. »Täubling hat alles«, könnte der Slogan lauten, wenn man sich auf der Zunge zergehen lässt, was hier unter einen Hut gebracht wird.

Da gibt es Täublinge, die nach Hering oder Heringslake, nach Mandeln oder nach Camembert schmecken. Das Fleisch anderer Anverwandter wiederum erinnert an Senfsauce oder süße Nüsse, es kann nach Honig riechen, wie Pfeffer brennen, den Geschmack diverser Obstsorten annehmen oder den exotischen Hauch der Libanon-Zeder verströmen. Wer sich beruhigen möchte, kann eine Prise Baldrian inhalieren. Doch damit nicht genug: Auch Eisbonbons und Äpfel, Stachelbeerkompott und Kokosflocken gehören zum Standardsortiment der Duftsorten, mit denen die Gattung aufwartet. Wären die Riesen im Märchen ein bisschen schlauer gewesen, sie hätten es nicht gar so einseitig auf Menschenfleisch abgesehen, sondern hätten sich verstärkt den Täublingen zugewandt.

Damit diese ihre Nase dennoch nicht allzu hoch tragen, ist zumindest die Parfümabteilung der Pilze nicht auf den Clan der Täublinge beschränkt. Vielmehr kann sie sich auch auf prägende Duftmarken anderer Sporenträger stützen, wobei erneut naturnahe Noten dominieren: Es gibt Pilze, die zur Familie Pfifferling gehören, dem Aroma nach aber am Pfirsich- oder Mirabellenbaum wachsen sollten, es gibt so genannte Brätlinge, die wie Weißdorn- oder Ebereschenblüten duften, aber auch als Hummerersatz herhalten könnten, und es gibt Pilze, die sich mit größter Selbstverständlichkeit und einer Prise Hochstapelei die Aura von Kampfer, Pelargonien und Geranien zulegen.

Gabe es die Beigaben des so genannten menschlichen Fortschritts nicht – von den Schwermetallen Blei, Kupfer oder Kadmium bis zu den radioaktiven Isotopen Radium und Cäsium –, so wäre das Gütesiegel »ökologisch« für diese unerschöpfliche Werkstatt der Natur ein Allgemeinplatz. Auch wer Eier aus Bodenhaltung wünscht, wird nicht enttäuscht. Er kann sich, wenn er rechtzeitig kommt und auf junge Fruchtkörper trifft, entweder bei der Stinkmorchel oder beim so genannten

Tintenfischpilz reichlich bedienen. Flankierend sorgen die natürlichen Ressourcen aus der Gewürzabteilung der Pilze dafür, dass es dem Menü an nichts fehle. Selbst Hobbyköche oder kulinarische Analphabeten können dabei keine Fehler machen, denn die Namen sprechen für sich – vom Maggi-Pilz bis zum Anis-Zähling.

Geht das Bankett bis in die Nacht hinein, können Pilze selbstverständlich dazu beitragen, diese zu illuminieren und zum Tag zu machen. Man nehme etwa den Schwefelritterling, der zwar als ungenießbar bis giftig eingeordnet werden muss, aber mit seinem intensiv gelben Fruchtkörper und dem an Leuchtgas erinnernden Geruch als Lampe bestens geeignet ist. Bei all dem gibt es kein Ende der Saison. Selbst wenn der Winter einzieht, darf man auf Pilze zählen. Die kleinen Helden und die großen Überlebenskünstler sind es, die die kalte Jahreszeit überbrücken und so lange Wacht halten, bis warmer Sommerregen alle Pilze wieder wachsen lässt. Meine persönliche Tapferkeitsmedaille habe ich mehrfach dem Lilablättrigen Tausendblatt verliehen, das von November bis April auf modrigem Fichtenholz ausharrt und nicht selten ein Schneehütchen trägt. In diesem Jahr werde ich allerdings eine Ausnahme machen und den honiggelben Samtfußrübling prämieren. Auch er übersteht tiefe Temperaturen im Schnee schadlos, kommt in ergiebigen Büscheln am Holz von Laubbäumen vor und kann deshalb mitten im Winter ein frisches Pilzgericht liefern.

Am Anfang des Denkens war das Staunen, hat mein Philosophie-Professor Richard Wisser immer gesagt.

Wer sich mit Pilzen beschäftigt, kann sich sicher sein: er kommt aus dem Staunen nicht mehr heraus. Und das muss zu denken geben.

Stimmen in der Stille

Als Pilzsucher hast du das Gesetz des Handelns an den Wald abgegeben, bevor die Suche beginnt. Du agierst nicht, du reagierst, und genau das macht dich erfolgreich! Pilze suchen ist ein reaktionäres Geschäft im besten Sinne. Die Kunst der Reaktion entscheidet über die Gunst der Stunde. Der Wald setzt alles ein, was er hat, um dich zu unterrichten und im ganz konkreten Sinne auf dem Laufenden, das heißt in Bewegung zu halten: sein natürliches Potenzial und eine Fülle von Effekten, Licht und Schatten, Geräusche und Gerüche, Stimmungen, Illusionen, Verheißungen und schlichte Tatsachen, von denen es nur zwei Kategorien gibt – Fehlanzeigen und Funde.

Ein Moospolster, wie geschaffen um den Kopf darauf zu betten, lässt dich den Weg verlassen und eine Böschung emporsteigen. Zwei kastanienbraune Maronenröhrlinge, nur daumengroß, aber einladend knackig, sind der Lohn. Ein vertrockneter Ast mit Eichenblättern schickt dir das Farbsignal eines Steinpilzes, das sich als raffinierte Kopie erweist. Ein Ensemble von Fliegenpilzen, noch nass vom Tau, zieht dich ins tiefe Gras und bringt eine Rotkappe in den Blick, die von drei kleinen Birken geschützt wird. Sie ist lange unentdeckt geblieben und wirkt ein bisschen altersschwach. Du entschließt dich, ihr das Gnadenbrot zu gewähren, und kehrst auf den Weg zurück.

Pilze suchen ist eine Schule für die Sinne und die Instinkte. Der Wald ruft dir »heiß« und »kalt« zu. Er richtet tausend Augen auf dich, sendet dir Merkzeichen, Empfehlungen, Handlungsanweisungen. Er befiehlt und berät, er lockt und motiviert, er täuscht und hält hin, er souffliert und suggeriert, verführt und verspricht. Er spielt mit dir, aber er nimmt dich sehr ernst; die eindimensionalen kategorischen Imperative aus der Klippschule des Pilzesammelns (»Unter Buchen sollst du suchen!«) sind eine Beleidigung des Waldes mit seinen vielfältigen, differenzierten Botschaften.

Du beobachtest den Wald, und du beobachtest dich selbst, blickst in dich hinein wie in ein Reagenzglas. Du merkst, wie der Verlauf der Suche deine Stimmung verändert, von beginnender Frustration in vorsichtige Hoffnungsbereitschaft, von triumphierender Freude in schiere Glückseligkeit, von vibrierender Erwartung in kleinlaute Enttäuschung. Du registrierst alles, was Fingerzeig, Indiz, Spur, Hinweis, Schlüssel zum Erfolg sein könnte. Du entwickelst ein Gefühl gesteigerter Wahrnehmung und beginnst den Zustand zu genießen, dass du sowohl Subjekt als auch Objekt dieser Wahrnehmungen bist. Du achtest auf alles und gewinnst ganz natürlich ein Stück Selbstachtung hinzu.

In solchen Momenten und insbesondere dann, wenn eine reichhaltige Fundstelle das Gemüt aufgehellt und weitere Gastgeschenke annonciert hat, erlaube ich mir die Vision, dass alles nur eine Frage der Wahrnehmung ist. Die Dinge existieren, aber wir sehen sie nicht! Wenn das Vexierbild des Waldes sich allmählich entschlüsselt, wenn der Autobahn-, der Einkaufs-, der Stadtblick mich nicht mehr einschnürt, wenn ich in der anfangs dumpfen Unordnung aus Licht und Schatten plötzlich Muster, Strukturen, Feinheiten und schließlich noch Prachtexemplare von Pilzen erkenne, dann kommt jener finale Moment, der mir die Option beschert, ich müsse nur noch ein klein bisschen genauer hinsehen, um auf der Lichtung vor mir auch noch das letzte Einhorn, den Eingang zum Gral oder die blaue Blume zu entdecken.

Das Abenteuer des Suchens und das Glück des Findens zeigen Wirkung. Räume und Zeiten werden weit. Ein Pilz ist nicht mehr nur ein Pilz. Das Aufspüren einer Steinpilzfamilie in ihrem Geheimversteck mag der Sache nach etwas ganz anderes sein als die Entdeckung der Ruinenstadt Machu Picchu oder der Vorstoß in die Grabkammern des Pharao. Aber das stimmt nur, wenn man von den Objekten der Suche ausgeht. Gemessen an der Herzfrequenz und den anderen Parametern der Glückseligkeit, die auf der Subjektseite festzustellen sind, dürften die Welten und Entfernungen schrumpfen, die zwischen diesen Ereignissen liegen.

Eine Pilzsuche weitet die Horizonte. Deine Gedanken sind bei König Artus und sie sind bei dir selbst. Du bist ganz Gegenwart, aber du tauchst auch in die Tiefen deiner Geschichte. »Regression im Dienste des Ich« hat eine amerikanische Forschergruppe das genannt, wenn ich mich an den entsprechenden Abschnitt meines Psychologie-Studiums richtig erinnere.

Ganz frühe Pilzerfahrungen steigen herauf: das merkwürdige Kitzeln am Bein in einem Gartenrestaurant in

Barsinghausen am Deister, es muss an einem schönen Sommertag gewesen sein, dann der Blick unter den Tisch und die Entdeckung eines fast kniehohen Steinpilzes, der aus kiesigem Untergrund ragte und seinem Namen alle Ehre machte; oder das traurige Gegenbild eines Steinpilzes hinter Gittern, großartig gewachsen und greifbar nah, aber durch einen unüberwindlichen Zaun als Eigentum eines Großgrundbesitzers ausgewiesen, der das Prachtstück in seinem Revier wahrscheinlich niemals würdigen würde.

Doch so tief du auch abtauchst, du kannst sicher sein, dass der Wald dich zurückruft. Und immer wieder merkst du auch: Du bist nicht allein!

Auf die Fährte eines vor dir tätigen Pilzsuchers zu treffen, der mit all dem, was dir an Schönem hätte blühen können, bereits kurzen Prozess gemacht hat, ist wie auf die Spur eines Serienmörders zu stoßen; noch beunruhigender ist es zu merken, wie dir selber das Messer in der Tasche aufgeht, wie aus dem artigen Sammler, dessen verklärtes Bild du in dir hegst und pflegst, ein aggressiver Steinzeitjäger mit mörderischen Impulsen wird. Das Gift, das dann in dir hochsteigt, ließe den bleichen Knollenblätterpilz vor Neid noch blasser werden.

Eine Heimsuchung besonderer Art für die Natur, Pauline und mich sind die Hordenplünderer, die mit einer Wagenkolonne an den Waldrand oder sogar in den Wald hineinfahren und dann eine Art Treibjagd auf alles, was Pilz heißt, veranstalten. Manchmal kommt es mir vor, als hätten sie den Wald in Planquadrate eingeteilt. Sie lassen kein Dickicht und kein Unterholz aus, teilen sich ihre Funde und ihre Triumphe, ihre Weisungen und Warnungen lautstark über weite Entfernungen hin mit, und wenn man am Parkplatz besonderes Pech hat, muss man in ihrem Kofferraum noch die körbeweise unsittlich hochgestapelten Pilze bewundern.

Treibnetzfischer nenne ich sie an schlechten Tagen, und irgendwie erinnern sie mich auch an das, was die Robbenschläger tun, wenn der Schnee blutet, und was sie dann Ernte nennen. Wenn ich einen guten Tag habe, dann tun sie mir eher leid, weil sie nur noch in Dimensionen von Menge und Quantität denken, wenn sie denn überhaupt denken. Mein kleiner überschaubarer Pilzkorb kommt mir dann noch gemütlicher vor, auch wenn sich das Grollen tief drinnen in mir nicht legt.

Wer Paulines Körpersprache kennt, kann die tiefe Verachtung nicht übersehen, die sie solchen Jagdgesellschaften gegenüber hegt. Sie würdigt die Beteiligten keines Blickes und trabt wie das personifizierte forstliche Gewissen mit einem für ihre Verhältnisse ungewöhnlich aufrechten Gang an ihnen vorbei. Sollte es je zu einem Prozess wegen Waldfrevels kommen, wird sie hoffentlich als Zeugin der Anklage vorgelassen werden. Denn wer je das Unglück hatte, Tatorte solcher Pilz-Treibjagden kennen zu lernen, fühlt sich an ein Schlachtfeld erinnert: herausgerissene Moospolster, umgepflügter Waldboden, beschädigte Flora, soweit das Auge reicht. Von der Grundregel aller Pilzsucher, das zarte Myzel, die unterirdisch lebende »Pilzmutter« zu schonen, indem man die Pilze nicht aus dem Erdboden reißt, sondern sie entweder sorgfältig abschneidet oder – noch besser – sie behutsam drehend heraushebt, gar nicht zu reden! Verbrannte Erde und ein Wald, der lange braucht, um sich von den Menschen zu erholen, sind das Ergebnis.

Von ganz anderer Qualität als die lärmenden Horden der Treibjäger sind die Stillen, die Geräuschlosen, die Unauffälligen, die mich ein bisschen an mich selbst erinnern. Aber auch sie können Schrecken verbreiten. Meine größte Angst ist es, tief im Herzen eines Pilzwaldes mit einem der ihren zusammenzutreffen, vielleicht sogar, bevor man sich gesehen hat, körperlich zusammenzustoßen, weil man für nichts anderes Augen hat als für die Pilze. Und plötzlich ist er da, der andere, kniet neben einem – und es ist, als blicke man auf sein eigenes Spiegelbild. Abgründig und unheimlich käme mir das vor, aber gottlob ist es noch nie passiert.

Die Saat des Bösen

Meine Deutschlehrerin war eine hochgradig begeisterungsfähige Frau. Sie konnte sich selber in Begeisterung versetzen und auch ihre Klasse. Wir zollten ihr Respekt, indem wir ihren Vornamen als Spitznamen zuließen. Die meisten anderen Lehrer waren mit verfremdeten Kürzeln deutlich schlechter bedient. Wie viel Einfluss Adelheid auf mein Leben genommen hat, wurde mir eigentlich erst richtig bewusst, als ich zwanzig Jahre später selbst eine Deutschlehrerin heiratete.

Berühmt war Adelheid für ihre imposanten Einstiege, im Fernsehdeutsch würde man sagen Anmoderationen. Wenn es eine noch nicht besprochene literarische Epoche, einen uns bis dato unbekannten Dichter oder eine neue Lektüre vorzustellen galt, dann leuchteten ihre Augen, und wie im Vogelflug erschloss sie uns einen Panoramablick über kulturelle Zeiten und Räume. Pilze spielten dabei natürlich keine Rolle. Aber ganz kam sie an ihnen nicht vorbei, denn irgendwann war Georg Büchner dran.

Adelheid war in Hochform, auch wenn ich sicher nicht jedes Detail ihres Höhenflugs wortgetreu wiedergeben kann. In seinem berühmten Drama ›Woyzeck‹, hub sie an, schildere Georg Büchner virulent und expressiv wie kein Dichter vor ihm und kaum einer nach ihm das Heraufdämmern der Moderne. Der Mensch, sagte Adelheid (und ihr zu Ehren verlasse ich den Konjunktiv), der den Himmel über sich und die alten religiösen Ordnungen verloren hat, ist auf sich selbst und auf die kalten Hilfestellungen der neuen Wissenschaften verwiesen, die sich Naturwissenschaften nennen, aber die Seele nicht wärmen. Er hat den Glauben und die Orientierung eingebüßt, und er fragt sich, ob er dem Boden noch trauen kann, auf dem er steht. Und wenn er den Blick dorthin richtet, dachte ich vorwitzig, was sieht er da? Nicht ahnend, dass meine Deutschlehrerin und ihr Dichter sogar eine Antwort parat hatten.

»Woyzeck: Die Schwämme, Herr Doktor. Da, da steckt's. Haben Sie schon gesehen, in was für Figuren die Schwämme auf dem Boden wachsen? Wer das lesen könnte!

Doktor: Woyzeck, er hat die schönste aberratio mentalis partialis, die zweite Spezies, sehr schön ausgeprägt.«

Meiner Deutschlehrerin Adelheid haben wir ein paar Monate später einen Gartenzwerg geschenkt, weil ein Schlager aufkam, der solches nahe legte. Büchner hatten wir inzwischen hinter uns, waren nach kühnen literarischen Vogelflugstunden vermutlich bei ›Tonio Kröger‹ in eher pilzfernen Regionen gelandet. Aber die Tatsache, dass man auch im Deutschunterricht Pilze sammeln kann, dürfte einschlägige leitmotivische Prägungen meines Lebenslaufes nachhaltig verstärkt haben.

Dass Woyzeck, dem es in der Welt immer unheimlicher wird, sich mit merkwürdigen Pilz-Mustern beschäftigt, kommt nicht von ungefähr. Lange Zeit waren Pilze für Menschen das Unheimliche per se. Sie kommen aus der Unterwelt, und einige von ihnen dokumentieren diese Herkunft durch ihren Auftritt in der Oberwelt noch einmal auf besonders markante Weise. Die Hexenringe gehören dazu; seit eh und je haben sie die Menschen in ihren Bann geschlagen. Denn es konnten doch nur dämonische Kräfte sein, die dafür sorgen, dass Pilze sich wie in einem magischen Zirkel in großen Kreisen zusammenfinden!

Inzwischen haben die Naturwissenschaften längst eine nüchterne Erklärung dieser Hexenringe geliefert, die über lange Zeit hinweg als Brutstätten des Bösen, als verwunschene Elfentanzplätze oder Erscheinungsorte des Teufels galten. Das Myzel, die eigentliche Pilzpflanze, die unterirdisch lebt und nur ihre Fortpflanzungsorgane heraufschickt, um ihnen eine Entwicklung an Licht und Luft zu gönnen, wächst auf geeignetem Boden gleichmäßig von einem Punkt aus nach allen Seiten. Nur an der Peripherie, auf dem exakten Kreisumfang bildet es seine Fruchtkörper aus, die dann als Hexenring in Erscheinung treten. Wenn die Wachstumsbedingungen für das Myzel günstig sind und die jeweils älteren Teile des Hexenringes kontinuierlich absterben, können sich die konzentrischen Kreise auf scheinbar magische Weise Jahr für Jahr erweitern.

Aber so ist es nun mal mit den Naturwissenschaften, die die Kräfte der Natur zu entzaubern und zu beherrschen versuchen – auch mit den nüchternsten Erklärungen können sie den Menschen nicht aus deren Bannkreis befreien. Selbst wenn die präzise naturwissenschaftliche Erkenntnis über Hexenringe zu Büchners Zeiten schon vorgelegen hätte, weniger bedrohlich wäre Woyzeck die Welt nicht vorgekommen. Und auch das Unheimliche der Pilze, ihr Bündnis mit der Unterwelt, ihre satanische Herkunft lassen sich aus dem Bewusstsein der Menschen nicht einfach herausoperieren. Es ist Teil unserer Erbschaft an archaischen Vorstellungen, und möglicherweise gegen ihre eigenen Zwecke haben auch die Naturwissenschaften kräftig daran mitgearbeitet, dass dieses Erbe Bestand hat. Etwa indem sie den Nachweis erbrachten, dass es Schimmelpilze waren, die seit Jahrtausenden in der Totenkammer des Tutenchamun gelauert hatten und dann an den Entdeckern der Mumie die Rache der Pharaonen vollzogen. Oder indem sie die Aufmerksamkeit auf das Luziferin lenkten, jenen Stoff im Organismus des Hallimasch, der unter besonderen Bedingungen – vorzugsweise an feuchten Sommerabenden – vermoderndes Holz zum Glühen und einsame Wanderer zum Fürchten bringt.

Aber es waren nicht die kleinen Irrlichter, es waren die großen Flammenzeichen, die verheerenden kulturhistorischen Flächenbrände, die die menschliche Angst, an der Saat des Bösen seien Pilze maßgeblich mitbeteiligt, anfachten und wach hielten.

Eine solche Brandfackel, eine Geißel der Menschheit geradezu, war das so genannte Antoniusfeuer, das bis ins 20. Jahrhundert hinein wütete. Claviceps purpurea ist der lateinische Name eines parasitisch lebenden Schlauchpilzes, der auf verschiedenen Gräsern und vielen Getreidearten heimisch werden kann und dort giftige Alkaloide produziert. Sprunghaftes Wachstum, rapide Vermehrung und lauffeuerartige Verbreitung des Pilzes können nicht nur den Ernteertrag erheblich mindern, sondern tödliche Vergiftungen hervorrufen, wenn die Mutterkörner über das Mehl ins Brot gelangen. In den volkstümlichen Namen Tollkorn oder Hungerkorn schwingt bereits die bedrohliche Konnotation solcher Auswirkungen mit. Durch Mutterkorn verunreinigtes Getreide hat im Lauf der Geschichte furchtbares Siechtum verursacht, dessen unglücklichen Opfern sich seit dem 11. Jahrhundert vor allem der Orden der Antoniter angenommen hat.

Alte Chroniken verzeichnen zahlreiche Massenvergiftungen durch »Teufelsbrot«, das aus verseuchtem Roggen hergestellt worden war und Tausende von Opfern forderte. Die ersten Berichte stammen aus Frankreich, wo im Jahre 994 wahrscheinlich 4 000 und bei einer weiteren Vergiftungswelle 1041 rund 2 000 Menschen ums Leben kamen. Bis ins 20. Jahrhundert hinein gab es dann in Europa fast 70 weitere schwere Epidemien, von denen eine zwischen 1770 und 1780 allein in Frankreich und Deutschland über 8 000 Todesopfer gefordert haben soll. Gegenmittel gegen die heimtückische Seuche, die auch als Göttliches Feuer oder als Höllenfeuer bezeichnet wurde, gab es kaum. Die Symptome reichten von qualvollen Wahnsinnsausbrüchen und brandartigen Gliederverlusten bis zu massiver Selbstmordneigung. Erst als moderne Maschinen eine optimale Reinigung des Getreides möglich machten, verlosch das Massenfeuer – aber nur, um epidemisch wieder aufzuflammen.

Eine verheerende Mutterkorn-Katastrophe jüngeren Datums, die über 11 000 Tote gefordert haben soll, ereignete sich 1926 in Russland. Der vorerst letzte Ausbruch des Antoniusfeuers wurde 1977 aus Äthiopien gemeldet: Vergiftete Wildgräser, die zur Auffüllung von Getreidevorräten benutzt wurden, waren die Ursache gewesen.

Aber nicht nur das Mutterkorn hat eine dunkle Spur durch die Geschichte gezogen. Einen Blutzoll apokalyptischen Ausmaßes forderte im 19. Jahrhundert in Irland ein unscheinbarer Pilz, der die gesamte Kartoffelernte vernichtete. Zwischen 1845 und 1850 starben dort über eine Million Menschen. Zu jener Zeit war in Irland die Kartoffel allgegenwärtig; das gemäßigte, feuchte Klima und die sandig-lehmigen Böden boten ideale Bedingungen für den Anbau dieser Nutzpflanze. Das Bevölkerungswachstum der Insel war seit Mitte des 17. Jahrhunderts wesentlich auf die Kartoffel gegründet. Nach Jahrhunderten der Not besaßen die Iren plötzlich ein Nahrungsmittel, das viele Bedürfnisse stillte, denn die Kartoffel enthält etwa ebenso viel Eiweiß wie Getreide und fast die doppelte Menge an Kohlehydraten. In ungeahntem Ausmaß machte die Kartoffel Irland groß und stark – bis hin zum Brot, das zur Hälfte aus Kartoffelstärke bestand, und bis zum Kartoffelbier als Alltagsgetränk.

Die Auswirkungen des winzigen Pilzes, der die Kraut- und Knollenfäule der Kartoffel verursacht, kamen wie eine biblische Plage über Irland. Trotz aller Gegenmaßnahmen ließ sich das Unheil nicht aufhalten. Zur völligen Vernichtung der Kartoffelernten kamen Seuchen, unerbittlich harte Winter und weitere Folgeerscheinungen hinzu. Die Zahl der Toten wurde von dem riesigen Heer der Auswanderer, die insbesondere in den Vereinigten Staaten von Amerika einen neuen Anfang versuchten, noch übertroffen. Letztlich führte die Katastrophe dazu, dass sich die Bevölkerung Irlands in der zweiten Hälfte des 19. Jahrhunderts fast halbierte.

Wer so auffällig und aktenkundig auf infernalische Weise Menschenleben vernichtet, indem er sich an den Nahrungsgrundlagen zu schaffen macht, darf auf Milde nicht hoffen. Zur Hölle mit den Pilzen, lautet deshalb der Schuldspruch, und die neuzeitlich-wissenschaftliche Lesart dieses Verdammungsurteils schließt nahtlos an das an, was schon vor den großen kollektiven Katastrophen über die unheilvolle Wirkung von Pilzen berichtet wurde. Zwischen Wahrheit und Legende haben die Chronisten dabei selten genug unterschieden.

Hatte nicht schon der große griechische Tragödiendichter Euripides im fünften vorchristlichen Jahrhundert durch ein Pilzgericht seine Frau und drei Kinder verloren? Dass es in Wirklichkeit fremde Leute waren, denen Euripides lediglich eine Art Nachruf in Epigrammform widmete, wurde dabei meist übersehen, ist für den Kern der Sache aber auch unerheblich. Hatte nicht schon der Naturforscher Plinius der Ältere über häufige Todesfälle durch Pilze in den Familien römischer Konsuln räsoniert? Und haben sich nicht zu Neros Zeiten gerade in den Offizierskreisen der kaiserlichen Leibwache die Todesfälle durch Pilzvergiftungen signifikant gehäuft? Ganz zu schweigen vom römischen Kaiser Diokletian, Papst Clemens VII. und Karl VI., dem Vater Maria Theresias, die ebenfalls allesamt an Pilzvergiftungen starben. Für ganz unterschiedliche Menschen in sehr verschiedenen historischen Epochen hat offenbar eine Pilzmahlzeit nicht nur das letzte, sondern auch das Jüngste Gericht eingeläutet.

Panther, Tiger und Co.

»Bei Beginn der Vergiftung verspürten die Erkrankten meist eine eigenartige Beklommenheit, dann Schwindelgefühl, Kopfschmerzen und Ohrensausen. Plötzlich fühlten sie, daß sie ihren Körper nicht mehr in der Gewalt hatten. Sie ließen den Gegenstand fallen, den sie gerade in der Hand hielten, knickten zusammen und lagen hilflos auf dem Boden. Die Gleichgewichtsstörungen gingen so weit, daß die Erkrankten wie betrunken umhertaumelten. Einige wurden daher von Bekannten und selbst von den eigenen Familienangehörigen verlacht und verspottet, bis sie plötzlich leblos am Boden lagen und ihr Körper in krampfartigen Bewegungen zu zucken und beben begann. Das steigerte sich bei einigen derart, daß sie wie toll um sich schlugen und Leib und Brust mit den Fäusten bearbeiteten.«

Auszugsweise protokolliert werden hier die Symptome einer Massenvergiftung durch den Pantherpilz, die sich 1934 in der Gegend von Plauen abspielte. Auch wenn sie nicht tödlich verlief, mussten in ihrem Verlauf 75 Personen ins Krankenhaus eingeliefert werden. Die Saat des Bösen, die man den Pilzen nachsagt, ist offensichtlich keine Sache der fernen Vergangenheit. Wie man sieht, wirkt sie weiter und scheint bei den Pilzen, die in Pfanne und Kochtopf wandern, erst in unserer Zeit so richtig aufzugehen.

Vor dem Hintergrund solcher Unglücksfälle, die einer Massenkarambolage auf der Autobahn in nichts nachstehen, und in Kenntnis der kulturgeschichtlichen Blutspur, die den Pilzen ins Stammbuch geschrieben wird, haben die traditionellen Pilzbücher fast den Charakter eines Pilz-Prangers, einer Monstrositäten-Schau angenommen. Wie in den alten Menagerien, die dem Zoo und dem Zirkus vorangingen und in denen die vermeintlich bösartigsten Kreaturen dieser Erde vorgestellt wurden, wird die furchterregende Phalanx der Giftpilze zelebriert. Und wenn man Namen wie Pantherpilz oder Tiger-Ritterling liest, kommt einem der Vergleich mit den Raubtieren durchaus nicht übertrieben vor. Wie heißt es dementsprechend pastoral in ›Knaurs Pilzbuch‹: »Pilze sammeln scheint das harmloseste Vergnügen, ist aber unwissenden oder leichtsinnigen Leuten ebenso gefährlich wie etwa die Jagd auf wehrhaftes Großwild einem mangelhaft oder gar nicht Bewaffneten!«

Aber nicht nur der Vergleich zur Raubtierschau drängt sich beim Studium mancher Pilzbücher auf. Die Assoziation des Verbrecheralbums liegt fast noch näher. Wie Bösewichter lugen die Giftpilze aus den Bildern hervor, ein Schreckenskabinett des Waldes. Die einschlägigen Symbole, die dem Leser die Warnung schmackhaft und die Übersicht leichter machen sollen, verstärken diesen Eindruck: Totenköpfe, Grabkreuze, rote Ausrufungszeichen, aber auch schwarze Telefonhörer als Mahnung, sofort den Arzt zu verständigen. Da sind sie nun versammelt, die heimtückischen Giftpilze, kulturhistorisch vorbestraft, aufgereiht wie in einer Steckbriefkartei, und es kommt einem fast komisch vor, dass sie noch frei herumstehen und sich sogar schrankenlos vermehren dürfen:

Die Frühjahrslorchel

Ein auffälliger, rötlichbrauner, in rohem Zustand tödlich giftiger Pilz, der an seinem oft faustgroßen, hirnartig gewundenen Hut und seiner eigenwilligen Erscheinungsform (meist breiter als hoch) sicher zu erkennen und von der wabenartigen Speisemorchel gut zu unterscheiden ist. Man sollte ihn nur mit größter Vorsicht und nach zeitintensivem Abkochen auftischen.

Der Orangefuchsige Hautkopf

Mitglied der artenreichen und schwer abgrenzbaren Gattung der Haarschleierlinge. Ein kleiner, eher unansehnlicher und in seiner verzögerten Giftwirkung (erste Symptome 36 Stunden nach dem Verzehr) unterschätzter Pilz, dem schwere Nierenschäden angelastet werden und der durch Massenvergiftungen mit Todesfällen schon unangenehm auf sich aufmerksam gemacht hat.

Der Riesenrötling

Man sagt ihm eine gewisse Schüchternheit nach, weil er (wenn man ihn überhaupt zu Gesicht bekommt) höchstens truppweise und nicht selten in Hexenringen auftritt. Verantwortlich für Brechdurchfall und andere Verdauungsbeschwerden, aber dankenswerterweise mit einem eingebauten Warnsignal versehen, nämlich einem ranzig-widerlichen, eigentümlich drogenartigen, an Apotheke erinnernden Geruch.

Der Weiße Feldtrichterling

Ihm ist schwer auf die Schliche zu kommen, weil man ihn von anderen Mitgliedern der Familie Trichterling, mögen sie ebenfalls giftig, ungenießbar oder gar essbar sein, kaum unterscheiden kann. Er ähnelt mitunter dem Pfifferling, wurde bislang wenig untersucht, aber vielfach in Verdacht genommen.

Der Satanspilz

Ein eher seltener Zeitgenosse mit südlichem Verbreitungsschwerpunkt, der gern als Doppelgänger des Steinpilzes auftritt, sich über dem gemütlichen Bauchansatz oft mit einem Prälatenkäppchen tarnt und – wenn er roh gegessen wird – sehr ungemütliche Vergiftungssymptome im Magen-, Darm- und Herzbereich hervorrufen kann.

Der Ziegelrote Risspilz

Wie seine strohgelben, lilafarbenen oder violetten Zwillinge wächst er gern in Flussauen, Anlagen und Gärten, an Uferböschungen und Wegrändern und bisweilen sogar im Kies der Parkwege. Er ist einem unscheinbaren, aber unangenehm giftigen Clan von kegelhütiger Gestalt zuzurechnen (Altersmerkmal: ein strahlig aufgerissener Hutrand).

Der Tiger-Ritterling

Ein gefährlich wohlschmeckender und verschiedenen essbaren Ritterlingen zum Verwechseln ähnlicher Pilz, der sich auf heftige Magen-Darm-Störungen spezialisiert hat und durch seinen dachziegelartig gemusterten silbergrauen Hut sowie seine Vorliebe für Gebirgsgegenden auffällt.

Mag das Gesamtkontingent giftiger und ungenießbarer Pilze auch deutlich größer sein als das Spektrum dieser sieben Sündenböcke, so fällt doch auf, dass es bis auf den eindrucksvollen Satanspilz eher Ritter und Ritterlinge von der traurigen Gestalt waren, die Angst und Furcht geschürt, Bauchweh und Herzattacken verursacht haben. Auch der *Kahle Krempling*, ein olivgelber bis ockerbrauner Trichterpilz mit stark eingerolltem Hutrand, dessen Giftpotenzial lange Zeit nicht recht ernst genommen wurde, und der schon zitierte *Pantherpilz*, der sich in der Gegend von Plauen so unbeliebt gemacht hat, sind kaum dazu angetan, dieser Galerie der kleinen Schurken Glanz und Gloria zu verleihen. Das schafft erst die magische Nummer zehn, deren Steckbrief der aufmerksame Leser gewiss vermisst haben dürfte. Es ist

Der Fliegenpilz

Ihm ist es allerdings wahrlich nicht zuzumuten, in ein so schlicht gestricktes Verbrecheralbum aufgenommen zu werden. Der wunderschöne groß gewachsene Pilz kommt in einer warzigen Hülle, von der später nur die weißen Reste auf dem Hut zurückbleiben, aus dem Waldboden. Geheimnisumwittert wie er ist, hat er seinen Platz nicht nur in Kinderliedern und Märchenbüchern gefunden, sondern gehört in der Vorstellung der meisten Menschen zum unverzichtbaren Handwerkszeug von Schamanen, Hexen und Zauberern. Den größten Zauber freilich verbreitet er selbst. Wenn die Sonne ihm zu Hilfe kommt, kann er triste, nebelverhangene Waldränder in heitere Idyllen und bunte Bühnenbilder verwandeln. Nicht der Farbenrausch allerdings, sondern der wirkliche Rausch war es, der seine Karriere so reichhaltig und so schillernd gemacht hat. In vielen Teilen der Welt und zu allen Zeiten ist er für rituelle Zwecke verwendet, für bewusstseinserweiternde Experimente genutzt und für halluzinogene Wirkungen in Anspruch genommen worden. Den Alltag des jungsteinzeitlichen Ötzi hat er ebenso begleitet wie die Mythen und spirituellen Zeremonien der Urvölker. Nicht zuletzt hat er einen neuen Typ von Pilzsammlern auf den Plan gerufen, dem die Kategorien »giftig« und »essbar« relativ gleichgültig sind, weil er es ausschließlich auf Pilze mit psychoaktiver Potenz abgesehen hat. Das alles kümmert den Fliegenpilz herzlich wenig. Unbeeindruckt von dem, was die Menschen mit ihm angestellt haben, bereichert er die Wälder durch stimmungsvolle Farbreflexe und stimulierende Rotlichtzonen. Nach wie vor hält er sich gern in der Nachbarschaft von Steinpilzen auf und bleibt allen hochgeschätzten Substanzen und allen menschlichen Liebeserklärungen zum Trotz ein zuweilen tödlich wirkender Giftpilz.

Lichtjahre trennen den *Knollenblätterpilz* vom Fliegenpilz. Während letzterem die Rolle des Zauberers in den Schoß fiel, musste der Knollenblätterpilz auf der Waldbühne stets den Verbrecher und den heimtückischen Attentäter spielen. Sein Täterprofil darf deshalb im Reigen der Fies- und Finsterlinge nicht fehlen. Aber das

Strafregister des Knollenblätterpilzes ist so groß und die Geschichte seines Wirkens so fatal, dass er der gesonderten Betrachtung bedarf. Wer noch ein Weilchen zu warten bereit ist, wird dem grünen Mörder beim Weiterlesen mit Sicherheit wieder begegnen.

Die Pilze von Poschiavo

Pilze haben fast alle Lebensbereiche des Menschen durchdrungen, in der Poesie allerdings, zumal in der Lyrik, sucht man sie vergebens. Ludwig Uhland schwärmt vom »Wirte wundermild« und setzt dem prallen Angebot des Apfelbaums ein Denkmal, bei Hölderlin hängt das Land mit gelben Birnen in den See, in den Sonetten Rilkes reifen Wein und herbstliche Früchte, die bei Stefan George schon schwer auf den Boden klopfen, Bertolt Brecht beschwört die Liebe unter einem Pflaumenbaum, und bei Günter Eich geben die Pfirsichbäume den Takt der Zeit an. Poetische Fehlanzeige allerdings, was Pilze angeht.

Liegt es daran, dass sie zu erdverbunden, zu handfest, zu wenig ätherisch sind? Nur wenige Ausnahmen jedenfalls bestätigen die Regel, dass Pegasus keine Pilze frisst. Ernst Jünger beschwört in seinem Buch ›Subtile Jagden‹ die Zeiten herauf, als es noch ganze Wiesentäler voller Champignons gab. Eugène Ionesco hält es eher mit Pilzen der unsympathischen Art und lässt sie in seinem Theaterstück ›Amédée‹ sogar in der Wohnung eines Schriftstellers wachsen. Bei Georg Büchner, immerhin, gab es Woyzecks Entsetzen über die Hexenringe, und wenn man sorgfältig sucht (was ich nicht getan habe), wird man vielleicht noch bei den Hermännern der deutschen Literatur – von Hesse bis Löns – einige Pilze und Pilzbeobachtungen finden. Das dürfte es dann gewesen sein. Pilze brauchen ein feuchtwarmes

Klima, im Reich der Dichtung aber herrschen oft Kühle und Trockenheit.

Irgendwann jedoch musste jemand kommen, der all diese Defizite wettmachen würde, und er kam dann auch. Es ist Wolfgang Hildesheimer, den ich 1989 an seinem Wohnort in der Südschweiz kennen gelernt habe, als ich ihn für ein Gespräch in der ZDF-Reihe ›Zeugen des Jahrhunderts‹ gewinnen wollte. Ich hatte viel über ihn gehört, aber wenig von ihm gelesen, was sich bald änderte. Heute könnte ich mir mein Leben ohne diese Lektüre und ohne die persönlichen Begegnungen mit ihm nicht mehr recht vorstellen.

In Wolfgang Hildesheimers Geschichten tut sich, je harmloser sie sich anlassen, unmerklich der Boden auf – unter den Figuren, die darin mitspielen, und mehr und mehr auch unter dem Leser. Eigenartige Dinge geschehen, Kleinigkeiten am Anfang, bis am Ende das Merkwürdige das ganz und gar Selbstverständliche ist – wie in der Geschichte des Mannes, der sein Fahrrad am Bahnhof abstellt und nun miterleben muss, dass der Zug gar nicht kommt; stattdessen werden erst die Geleise, dann der Bahnhof und allmählich die ganze Zivilisation um ihn herum abgebaut.

Am schönsten zeigt sich der Zugriff des Absurden in den ›Lieblosen Legenden‹. Der Autor bohrt die Welt an, bis sie ein kleines Loch bekommt und das Irreale hineinströmt. Was von einer Welt zu halten ist, die das nicht aushält, sondern wie ein überreifer Bovist in sich zusammenfällt, darf der Leser entscheiden. Dass auch die Erzählung ›1956 – ein Pilzjahr‹ zu den ›Lieblosen

Legenden‹ gehört, hätte ich fast vergessen. Erst der Schweizer Schriftsteller Adolf Muschg hat mich bei einem Abendessen in der Züricher »Kronenhalle«, das ich bestimmt nicht vergessen werde, wieder daran erinnert.

Über Pilze habe ich mit Wolfgang Hildesheimer nicht gesprochen. Aber es gibt sie reichhaltig in den Bergwäldern um Poschiavo südlich des Bernina-Passes, und der Wirt meines Gasthauses am See von Le Prese hatte mehrfach angeboten sie zuzubereiten, wenn ich welche von einer Wanderung mitbringen würde. Dazu ist es, weil andere Dinge im Vordergrund standen, nie gekommen, und auch in Wolfgang Hildesheimers Legende kommt kein Pilz vor, jedenfalls nicht im mykologischen Sinne. Dennoch ist sie für mich die schönste Pilzgeschichte der Welt.

Die Erzählung ›1956 – ein Pilzjahr‹ gilt einem Großen der Kulturgeschichte, den man ein Jahrhundert nach seinem Tode (am 12. September 1856) gebührend hätte feiern sollen, der aber zugunsten anderer wichtiger Gedenktage im Jahr 1956 – von Mozart bis Heine und von Rembrandt bis Freud – schlicht und einfach vergessen wurde. Dies allerdings ist nicht verwunderlich, denn wie kann man eines Mannes gedenken, den erst Hildesheimer erfunden, den er aber so geschickt und so überzeugend in ein Netzwerk von kulturhistorischen Daten eingearbeitet hat, dass man ihn am Ende der Geschichte nicht mehr missen möchte.

Er hat etwas Eigenwilliges, dieser Gottlieb Theodor Pilz, um dessen Geburtsort sich Nördlingen und Dinkelsbühl streiten, dem seine Mutter Choräle von Buxtehude an der Wiege sang und dem sein Vater, kaum war er dieser entwachsen, Tacitus und Milton in eigenen Übersetzungen vorlas. Denn Pilz, das verrät uns Hildesheimer gleich am Anfang und stachelt unsere Neugier gehörig an, ist trotz oder gerade wegen der frühen elterlichen Bildungsbemühungen weniger ein Schöpfer als ein Dämpfer und Verhinderer: »Sein Beitrag zur Geschichte der abendländischen Kultur kommt in der Nichtexistenz von Werken zum Ausdruck, Werken, die durch sein mutiges, opferbereites Dazwischentreten niemals entstanden sind.«

Früh schon macht sich Pilz ans Werk und nutzt jede Gelegenheit zu vereiteln, was am Ende doch nur eitel oder zumindest überflüssig ist: Dem berühmten Odendichter Klopstock, der regelmäßig im Elternhaus zu Gast ist, entwendet er im Zuge diverser Lesungen aus dem ›Messias‹ ganze Stöße von Oden, ohne dass der empfindsame, aber kurzsichtige Dichter den Verlust jemals bemerkt. Unsere Verehrung wächst weiter, als wir erfahren, dass Pilz zwar im schöpferischen Taumel einer einzigen Sturmnacht sein erstes (und letztes) Drama ›Herzog Theodor von Gotha‹ zu Papier bringt, aber schon bei einer Italienreise im frühen Jünglingsalter unverkennbar und unmissverständlich jene Züge an den Tag legt, die ihn als Persönlichkeit prägen. Weder persönliche Aufzeichnungen noch malerische Skizzen und schon gar nicht Gedanken über italienische Kultur sind in irgendeiner Form dokumentiert. »Nicht ein einziger Ausruf von ihm ist überliefert«, berichtet Wolfgang Hildesheimer, »ja, angesichts des Golfes von Neapel soll er keine Miene verzogen haben.« Wir denken uns unseren Teil, wenn wir die Kiloware kultureller Italien-Sehnsucht dagegenhalten, die andere Deutsche produziert haben.

Überall, wo Pilz sich einmischt, dürfen wir mit fassungsloser Bewunderung registrieren, wie effektiv die Nachgeborenen vor potenziellen literarischen Hervorbringungen bewahrt werden. Bei einer zufälligen Begegnung mit Friedrich Ludwig Jahn bringt Pilz diesen davon ab, den Freiheitskampf der alten Germanen gegen die römische Gewaltherrschaft in einem großangelegten Dramenzyklus gleichnishaft darzustellen, und legt ihm stattdessen die Aufgabe ans Herz, die deutsche Jugend durch körperliche Zucht zu kräftigen und sich dieserhalb »Turnvater Jahn« zu nennen. Jahn zerreißt das Manuskript seiner ›Hermannsschlacht‹ und hat angeblich niemals wieder an einem Schauspiel gearbeitet. Wenig später wird ihm laut Hildesheimer der erste Turnplatz gebaut.

Als gelte es seinen giftigen Namensvettern nachzueifern, die auch auf künstlerischem Gebiet kräftig aufgeräumt haben und beispielsweise Johann Schobert, den Förderer Mozarts, samt Frau und Kind ins Jenseits beförderten, gönnt sich Hildesheimers Held weder Rast noch Ruhe. Ob Meister der Musik wie Beethoven, früh vollendete literarische Genies wie Grabbe oder Historienmaler wie Delacroix – das strategische Rüstzeug von Gottlieb Theodor Pilz, um den Hochbegabten die Produktion weiterer Werke abzuschminken, sie in unproduktive Schaffensphasen hineinzustoßen oder ihnen kreative Lebenspläne auszureden, ist unerschöpflich.

Ausdauernd und listenreich kämpft er gegen den künstlerischen Übereifer der Zeit und propagiert die Reduktion von Fantasie. Sogar Einflüsse auf das frühe Ableben einiger romantischer Meister lassen sich nicht ganz ausschließen. Aber selbst Hildesheimer ist in diesem Punkt eher vorsichtig.

»Bei Pilzen und Dichtern kommen auf einen guten zehn schlechte«, sagt ein altes Sprichwort. Ob es Pilz bekannt war, erfahren wir nicht; aber dass er alles tat, was in seiner Macht stand, um dieses Missverhältnis zu mildern, ist unabweisbar. Wie überschaubar wären unsere Köchelverzeichnisse und Gemäldesammlungen und wie viel mehr Platz für schöne Pilzbücher wäre in unseren Bibliotheken, wenn es noch andere kämpferische Genies vom Schlage des furiosen Verhinderers aus Nördlingen/Dinkelsbühl in der Geistesgeschichte gegeben hätte! Aber Gottlieb Theodor Pilz blieb einmalig, und gerade deshalb möchte man ihm und seinem Schöpfer Wolfgang Hildesheimer am Ende der Geschichte geradezu um den Hals fallen.

Im Übrigen ist es eine meisterlich-mehrdeutige Pointe des Autors, dass da einer, Pilz geheißen, andere hindern möchte, es ihm gleichzutun: nämlich dem Myzel-Stadium zu entkommen und Fruchtkörper zu bilden. Denn um diese geht es in beiden Fällen, ob es sich nun um literarische Früchte oder um die Fruchtkörper von Pilzen handelt!

Wie dem auch sei – Wolfgang Hildesheimer bedurfte keines Gottlieb Theodor Pilz. Er entschloss sich schon

1983, acht Jahre vor seinem Tod, freiwillig zum Verzicht auf das Schreiben, wenn auch mit einigen Ausnahmen. Die von der Gentechnik, vom Computer und von der Atomkraft gegebenen Perspektiven waren für ihn mit der Existenz des Dichters nicht mehr vereinbar. Der Mensch war für ihn zum Spaltpilz der Evolution geworden. »Wir schreiben Liebesgeschichten und die Welt geht unter«, sagte Wolfgang Hildesheimer. Und schwieg fortan.

Ein Männlein steht im Walde

Ist es wirklich so, dass der Wald dich für Hochmut bestraft und für Bescheidenheit belohnt? Immer wieder ist es mir passiert, dass ich nur klägliche Beute mitbrachte, wenn ich mit Körben, Tüten und Beuteln bewaffnet war, aber in tiefe Verpackungsnot geriet, wenn ich mich mit geringen Erwartungen und entsprechend wenig Stauraum auf den Weg machte.

Oder ist da ein unbewusster innerer Mechanismus, ein verdeckter Wunsch im Spiel? Ein Stück selbstverordnete Blindheit zum Beispiel, mit dem geheimen Ziel, die letzten Reservate für das abenteuerliche Herz zu bewahren und deshalb umso tollpatschiger durch den Wald zu stiefeln, je besser man gerüstet ist, ihn zu plündern und seine Früchte zu verpacken. Die Sehnsucht, ein Suchender zu bleiben, selbst um den Preis der Schmach, ohne Trophäen heimzukommen, ist jedenfalls nicht zu unterschätzen. Denn gäbe es das Suchen nicht mehr, sondern nur noch das Schneiden, Transportieren und Verzehren, wäre für mich der Reiz der Sache dahin. Die für die Resultate des Findens aufgewandte Zeit darf die des Suchens niemals übertreffen, meine ich. Das ist eine Grundformel der Pilzsuche. Ein merkwürdig defensives Denken, sagt meine Frau.

Aber ob es die Natur draußen oder deine eigene ist, die sich der Berechnung verweigert und für das Unwägbare, Überraschende der Suche sorgt – das Ergebnis ist immer das Gleiche. Es kann dich das letzte Hemd kosten und in die Polizeiakten bringen. Kein Wald ist so keusch und züchtig, dass er dir nicht irgendwann an die Wäsche geht.

Im Frühstadium meiner exhibitionistischen Beziehung zum Wald war ich schüchtern und vorsichtig. Ich habe mein Taschentuch geopfert, um eine Tragetasche für Pilze zu schaffen, und es dann an den vier Spitzen zum Auto getragen. Ich habe meine Jacke zu nutzen versucht und notfalls auch mein Unterhemd eingesetzt, wobei es mir schon peinlich genug war, irgendwo tief im Gestrüpp Pullover und Hemd auszuziehen, um die Voraussetzungen dafür zu schaffen.

Später, als der Wald mich mehrfach mit unerhörten Angeboten provoziert hat, sind die Situationen eskaliert. Ich habe mich mit bloßem Oberkörper wie ein Strauchdieb zum Parkplatz geschlichen, stand hüllenlos im Wald, um zu prüfen, welche Kleidungsstücke zur minimalen Tarnung des eigenen Körpers unentbehrlich wären und welche zum Abtransport der Pilze dienen könnten. Ich habe mich tief ins Unterholz gedrückt, weil ich beim An- oder Ausziehen die drohende Annäherung von Spaziergängern bemerkte, und habe verzweifelt meinen Pilzhund, der hoch befriedigt über die zeitliche Ausdehnung des Waldaufenthaltes alle Zeichen von Entspannung zeigte, dazu aufgefordert, dasselbe zu tun. Den Zeitungsartikel, der das Unappetitliche des Sachverhalts noch durch die Unfähigkeit verstärkte, journalistisch angemessen damit umzugehen, sah ich schon vor mir: »Binger Wald wieder gefahrlos zugänglich – Schamverletzer endlich gefasst« würde die Überschrift vermutlich lauten. Pilzgang ist aller Laster Anfang.

Oft genug ist es mir passiert, dass andere Waldbesucher das, was sie da in gewisser Entfernung sahen oder vermuten mussten, nicht unter zweideutigen, sondern unter eindeutig humanitären und sozialpflegerischen Kriterien interpretierten. Fürsorgliche Belagerung der besonders strapaziösen Art war die Folge. Ich weiß zwar nicht mehr, durch welche eigenen Verhaltensanteile ich solche Schlüsse nahe gelegt haben könnte, aber die Rufe: »Ist etwas passiert?« oder »Können wir etwas für Sie tun?« sind mir noch lebhaft in Erinnerung. Ich habe dann mit allen sprachlichen Möglichkeiten der Bagatellisierung gespielt und unter immer neuer Variation der Wörter »klein müssen« und »großes Geschäft« eine Lage vorzutäuschen versucht, die zwar einfacher zu erklären, für mich aber auch viel peinlicher war als die Wahrheit. Doch wer will schon andere an die geheimen Orte seiner Leidenschaft führen, und sei es eine scheinbar so harmlose Leidenschaft wie das Pilzesuchen?

Gottseidank haben die Abwehrstrategien funktioniert und die meisten Wanderer sich nach Einleitung ihrer karitativen Annäherungsversuche relativ schnell abgewandt. Schwierig wurde es immer dann, wenn es sich um ein eher lichtes Waldstück handelte, das kaum Deckung bot, wenn die gesamte Reizkonstellation des Vorgangs in einem erkennbaren Widerspruch zu meinem Erklärungsversuch stand oder wenn Pauline, die ich ohnehin in Verdacht habe, gerade in solchen Situationen im Gegensatz zu ihrer Grundgestimmtheit ungewöhnlich extrovertiert zu sein, mit den ungebetenen Helfern Kontakt aufnahm. Die mittelbare Kontaktaufnahme etwa durch eine lautstarke Eichhörnchenjagd, bei der Pauline in der Regel durch lautes Bellen sowie ausgesprochen tollpatschige Baumbesteigungsversuche auffällt, kam mir dabei genauso ungelegen wie die unmittelbare. Denn in all diesen Fällen rückten die liebenswürdigen Menschen nur äußerst zögerlich vom Tatort ab, prüften oder besprachen immer noch einmal, was sie gesehen hatten, und entfernten sich auf eine Weise, dass man ihnen die Irritation und die Überlegung, das Forsthaus oder die nächstgelegene Polizeiwache zu informieren, förmlich ansah.

Da sich an bestimmten Stellen des Binger Waldes solche einschlägigen Situationen häuften, habe ich inständig darum gebetet, dass mich nicht Wanderer, die regelmäßig in diesem Gebiet unterwegs sind, als Wiederholungstäter wieder erkennen und sich dazu durchringen würden, der Sache auf den Grund zu gehen. Im Übrigen kann ich das Lied vom Männlein, das starr und stumm im Walde steht, jetzt singen. Nach dem Mantel aus Purpur, den es anhat, habe ich mich in unterkühlter Lage oft gesehnt. Und damit ich solche Situationen auf keinen Fall vergesse, haben mich die vielen Kleidungsstücke, die die Spuren des Waldes trotz intensiver Spezialbehandlung nicht mehr ablegen konnten, immer wieder daran erinnert.

Wie man hört, gibt es magische Kräfte oder unbewusste Antriebe, die den Verbrecher immer wieder zum Schauplatz seiner Missetaten zurückführen. Für mich war es schlichte Notwendigkeit, jene Orte schon kurzfristig wieder aufzusuchen, an denen ich mich exponiert und blamiert hatte. Denn meist gab sich der Wald mit schlichtem Steinpilz-Striptease nicht zufrieden, sondern forderte auf noch schmerzhaftere Weise Tribut: Sonnenbrillen und Hundeleinen, wertvolle Taschenmesser, Haus- und Wagenschlüssel blieben im Zuge solcher Entkleidungsmanöver so signifikant oft am Ort des Geschehens zurück, dass ich mich im Verdacht hatte, dem Wald als Dank für die Geschenke, die mit so viel Pein und Verlegenheit für mich verbunden waren, auch noch ein großzügiges Opfer darzubringen.

Immer dann, wenn ich auf solche psychoanalytischen Denkpfade abgebogen bin, habe ich mich bei einem Gefühl des Bedauerns oder sogar der Trauer ertappt: Trauer darüber, dass der geniale Wiener Altmeister auf dem Feld der Mykologie so enthaltsam gewesen ist. In der nobelpreiswürdigen Prosa Sigmund Freuds etwas über Pilze lesen zu dürfen, müsste etwas Großartiges sein. Auch der Blick in mögliche Abgründe der Passion des Pilzesuchens und der Persönlichkeit des Sammlers würde mich nicht schrecken. Dass die Psychoanalyse das entweiht und beschädigt, was sie durch Erklärungen erst eigentlich fundiert und mit Sinn füllt, behaupten ja nur ihre Gegner.

Und was für ein Eldorado an Analogien und Anknüpfungsmöglichkeiten hätte die Pilzkunde dem Begründer der Tiefenpsychologie geboten. Das wunderbare Bild vom Eisberg des Unbewussten, der nur mit einem Bruchteil in den Bereich der Wahrnehmung und des Bewusstseins hineinragt, hätte in der Relation von Myzel und Fruchtkörper eine großartige Entsprechung und Steigerung gefunden. Auch die ödipale Konstellation, dass der Pilzsucher den eindeutig männlichen Teil des Organismus abschneidet, also gleichsam kastriert und sich später selber einverleibt, während er sich möglicherweise in unbewältigter Sehnsucht nach der unerreichbaren unterirdischen Pilzmutter verzehrt, wäre für Freud gewiss prüfenswert gewesen. Zweifellos hätte er sich auch für die Voraussetzungen der Vermehrung bei bestimmten Pilzarten interessiert: nämlich den möglichst perfekten Sieg über die Schwerkraft, das heißt die gelungene Erektion bis in die absolute Senkrechte, durch die erst das erfolgreiche und ungehinderte Ausstreuen der Sporen gewährleistet wird.

Aber vielleicht verhält es sich mit dem Fehlen pilzbezogener Abhandlungen im Werk Sigmund Freuds so ähnlich wie mit der klassischen philosophischen Prüfungsfrage, warum die Leibnizsche Monade, der Urbaustein der Welt, keine Fenster habe. Die Lösung, die sich mittlerweile herumgesprochen hat, liegt im Hinweis auf die originäre Öffentlichkeit der Monade, ihre absolute Weltzugewandtheit, welche auf keine künstlichen Öffnungen angewiesen ist. Auf Freud angewandt, hieße das, dass es keiner speziell ausgewiesenen Aufsätze über Pilze aus seiner Feder bedarf, weil er eigentlich immer über Pilze geschrieben hat.

Wenn man sich bestimmte Klassifikationen, Eigennamen und Erscheinungsformen in der Mykologie betrachtet, die Stinkmorchel etwa, den so genannten Phallus impudicus aus dem Bereich der Ständerpilze, dann klingt eine solche These durchaus plausibel. Aber wir wollen sie trotzdem lieber wieder vergessen. Denn statt zur vertieften Freud-Lektüre zu animieren, dürfte sie nur neuen Verdammungen und Verfemungen Vorschub leisten – gegen die Psychoanalyse und gegen die Pilze. Und dies haben beide am wenigsten verdient.

Das Phantom der Pilze

Wovon handeln Pilzbücher? Von Pilzen selbstverständlich. Jeder Leser kann sich davon überzeugen, Zweifel sind nicht möglich. Oder doch? Wer genau hinsieht, entdeckt vielleicht noch etwas anderes, das den Autoren genauso wichtig ist wie die Pilze selber.

Zugegeben, heute fällt diese Entdeckung schwerer als früher. Die modernen Pilzbücher kommen nüchtern und pragmatisch daher, beschränken sich auf das Notwendige und Naheliegende, legen mehr Wert auf Fachwissen als auf Lebensweisheiten und haben die malerischen Pilzporträts von einst durch präzise Fotos ersetzt. Und doch – auch in ihnen wirkt jenes Wesen fort, das wie ein guter Geist in den schönen alten Büchern herumspukte. Es ist der Pilzfreund.

Ob es ihn in Reinkultur in der Realität überhaupt gibt, ist sehr die Frage. Auf jeden Fall gibt es ihn als lebensphilosophischen Entwurf, und an diesem Entwurf haben viele engagierte Autoren ihren Anteil. Aus ihren Beiträgen muss man ihn sich zusammensetzen, denn er ist ein komplexes, hoch begabtes, idealtypisches Wesen. Im Unterschied zu Musils ›Mann ohne Eigenschaften‹ gibt es hier vielleicht nur die Eigenschaften, aber nicht den Mann. Da es ihn aber geben sollte, musste er erfunden werden. Und genau das ist geschehen.

Die Charakterzüge des Pilzfreundes treten vor allem dort besonders plastisch hervor, wo sie auf fruchtbarem pädagogischen Boden optimale Entfaltungsmöglichkeiten finden. Für die Pilzbücher, die ich in meinem Elternhaus sowie bei Freunden und Verwandten auftrieb, gilt dies in klassischer bis penetranter Weise. Nicht für den Wald, sondern für die Welt lernen wir, war da als unterschwellige Dauerbotschaft herauszuhören. Dass der Freiherr von Knigge am Deister, also am Rande meines ersten Pilzwaldes, geboren wurde, habe ich sehr bald für selbstverständlich gehalten. Dass Pilze suchen keine Sache wie jede andere, sondern eine Basislektion für das Leben ist, habe ich irgendwann wahrscheinlich selber geglaubt. Und dass nicht auch noch die Tanzstunde unter Bäumen im Freien stattfand, hat mich sehr gewundert.

Dies ist der kulturelle Nährboden für den Pilzfreund. Hier findet man ihn zwischen den Pilzen und zwischen den Zeilen und manchmal auch ganz explizit. Er ist das letzte Universalgenie der Kulturgeschichte, kennt sich in den Giftschränken der Krankenhäuser ebenso gut aus wie in den großen Bibliotheken, den Akademien der Wissenschaften und den Hexenküchen der Chemie. Er kennt die Jahreszeiten und die Wildwechsel, er ist Toxikologe und Historiker, Naturforscher und Psychotherapeut, er ist von milder, ausgleichender Gemütsart, aber er kann auch hart durchgreifen, wenn es notwendig ist. Legendär ist sein Ruf als Lehrmeister der guten Sitten. Wer auf Herrenpilze aus ist, muss selber ein feiner Herr sein. Wer Edelpilze sammelt, muss es erst selber zum Edelmann bringen. Das ist seine Devise.

Die Unverzichtbarkeit der Pilzkunde für die bürgerliche Existenz hat mir einmal mehr ›Knaurs Pilzbuch‹ klargemacht, das nach wie vor mein Lieblingsbuch ist. Ohne mit Vollständigkeit zu prahlen, erweckt es dennoch den unabweisbaren Eindruck, stets aus dem Vollen zu schöpfen und Weisheiten der Pilzkunde für alle Lebenslagen anzubieten. Hier vor allem gewinnt die Figur des Pilzfreundes jene Greifbarkeit und Lebendigkeit, die fast alle Zweifel an seiner Existenz beseitigt. Das unbekannte Wesen darf besichtigt und angefasst werden.

Der Pilzfreund, so liest und lernt man, ist ein gutartiger und unkomplizierter, dem Naturschutz verbundener Mitmensch, der anderen Mitmenschen allerdings nicht nur die Regeln des guten Tons, sondern auch die exakte Beherrschung botanischer Grundbegriffe voraushat. Auch vor dem Gebrauch einer scharfen Lupe und eines Mikroskops schreckt er in Ausübung seiner Leidenschaft nicht zurück. Wegen seiner sprichwörtlichen Bescheidenheit erkennt man ihn nicht immer auf Anhieb. Keinesfalls aber wird man ihn mit den Pseudo-Pilzfreunden verwechseln, vor denen die Bücher mit Recht warnen. Als falscher Pfifferling, Sprüchemacher oder Windbeutel, so weiß mein ›Knaur‹ zu berichten, führen sie ernsthafte Exkursionen ad absurdum oder schalten sich in die Arbeit der Beratungsstellen ein. Die Weisheit wollen sie mit Löffeln, »wenn nicht gar Fliegenpilze oder Knollenblätterpilze mit der Schöpfkelle gefressen haben«. Für die Autoritäten des Gewerbes gibt es deshalb nur eine Konsequenz: »Ein erfahrener Pilzberater packt solche Gesellen scharf an und weist sie sofort und unerbittlich aus dem Kreise der Gutwilligen, die etwas lernen möchten.«

Der weltkundige Pilzfreund ist von solchen Zerrbildern der Zunft so weit entfernt wie der Steinpilz vom Knollenblätterpilz. Seine dezenten Manieren und sein unbestechliches Urteil werden nur noch von der unerschöpflichen Schatzkammer seiner Kenntnisse übertroffen. Selbst im Schlaf könnte er erzählen, dass der Steinpilz mit 5,39 Prozent Gesamteiweiß unter den eiweißarmen Röhrlingen die positive Ausnahme darstellt, aber dem mit 5,94 Prozent ausgestatteten Champignon und dem mit 5,6 Prozent versehenen Parasolpilz dennoch unterlegen ist. Er kennt die fetten und die mageren Pilzjahre in der Geschichte, vermag über die Rolle rauscherzeugender Pilze im Reich der Azteken ebenso kompetent zu referieren wie über die Verwendbarkeit von Pilzen als Tierfutter oder über die Heilwirkung von Hefepilzen bei den alten Ägyptern und Babyloniern.

Auf den Gegenstand seiner Leidenschaft lässt der Pilzfreund nichts kommen. Deshalb sieht man ihm nach, dass er die wohltätige Wirkung seiner Schützlinge zuweilen mit eher abgelegenen oder irritierenden Beispielen belegt. Etwa mit dem Hinweis, dass General Lettow-Vorbeck, 1918 in Ostafrika völlig umzingelt und im Grunde zum Verhungern verurteilt, seine Truppe mit Hilfe von Pilzen, vermutlich Artverwandten unserer heimischen Pfifferlinge, Steinpilze und Champignons, monatelang gegen eine erdrückende Übermacht halten konnte. Oder mit der Behauptung, dass Tausende von deutschen Kriegsgefangenen in den sibirischen Steppen und Wäldern den Pilzen Leben und Gesundheit verdanken.

Der Pilzfreund kennt sich natürlich nicht nur in der jüngeren Geschichte aus. Ihm ist klar, dass Pilze Lichtjahre länger auf der Erde sind als der Mensch. Aber er weiß auch von einer merkwürdigen Koinzidenz zu berichten. Denn als vor 400 Millionen Jahren die ersten Pilze entstanden, schuf die Evolution auch die Voraussetzungen für den Menschen: Vorläufer des Lungenfisches waren erstmals fähig, den Ozean zu verlassen, so dass sich Landlebewesen entwickeln konnten.

Natürlich wären die Pilze auch ohne die Menschen ausgekommen. Aber manchmal hat der Pilzfreund den Eindruck, als hätten sie auf ihn gewartet. Seit es Menschen gibt, ist jedenfalls ihr Leben von dem der Pilze nicht mehr zu trennen. Eine gigantische Apotheke, weiß der Pilzfreund, haben sie ihm zur Verfügung gestellt, sie haben ihm geholfen, das Feuer zu zähmen, sie waren ihm Waffen- und Speisekammer, Drogenlieferant und Alkoholproduzent. Sowohl im Bereich seiner schöpferischen wie im Bereich seiner destruktiven Kräfte haben Pilze dem Menschen ein Universum an Möglichkeiten geboten.

Wo Pilze zum Bösen hin gewirkt haben – gibt der Pilzfreund zu bedenken –, war es fast immer der Mensch, der sich diese Wirkung zunutze machen wollte. So ist das Hauptgeschäft des Pilzfreundes das Amt der Wiedergutmachung. Den guten Ruf der Pilze auch dort wiederherzustellen, wo er nachhaltig geschädigt wurde, das ist sein Lebensinhalt. Als markantes Beispiel wählt er gern den Zunderschwamm, der als gefährlicher Schmarotzer und als gefürchteter Schädling stolzer Waldbestände in die Geschichte eingegangen ist. Aber aller Zerstörungskraft zum Trotz war er das Urbild des Wundschwamms, der zum Stillen von Blutungen auf die verletzten Stellen gelegt wurde, und auch beim Feuermachen war er lange Zeit unentbehrlich. Zunderschwämme, erläutert der Pilzfreund, wurden bereits in Pfahlbauten gefunden, und beide Verwendungsarten – die medizinische wie die heiztechnische – sind mit Sicherheit uralt.

Des Weiteren würde der Pilzfreund daran erinnern, dass das Mutterkorn als hoch wirksames medizinisches Mittel zur Blutstillung und als Medikament in der Geburtshilfe schon im alten China bekannt war; dass es in der volkstümlichen Heilkunde des Mittelalters eine entscheidende Rolle spielte und schließlich der Kulturdroge LSD den Weg ebnete, die der Schweizer Chemiker Albert Hofmann aus dem Mutterkornpilz extrahierte.

Und als Krönung erzählt der Pilzfreund von der spektakulärsten naturwissenschaftlichen Karriere eines Pilzes – der Entdeckung des so genannten Penicillium notatum. Millionen und Abermillionen Menschen in aller Welt verdanken ihm ihr Leben. Es war Alexander Fleming, der bei der Untersuchung von Bakterienkulturen eher nebenbei feststellte, dass auf einer dieser Kulturen eine »tote Zone«, ein keimfreier Bereich, dort entstanden war, wo sich zufällig ein Schimmelpilz niedergelassen hatte. Der Forscher fragte sich, ob der Pilz etwas ausschied, was das Wachstum der Bakterien verhinderte. Möglicherweise war das der Stoff, nach dem Fleming seit Jahren suchte, um ein Gegenmittel gegen die verheerenden Seuchen und tödlichen Infektionskrankheiten zu finden.

Die Annahme erwies sich als richtig. Wie sich später herausstellte, war die Substanz tatsächlich in der Lage, das Wachstum vieler Bakterienarten und damit auch unzähliger Krankheitserreger einzudämmen. Weil der Schimmelpilz zur Gattung Penicillium gehörte, nannte Alexander Fleming die Substanz Penicillin. Eines der wichtigsten Medikamente der modernen Medizin war entdeckt.

Und wie pariert der Schutzherr der Pilze den hieb- und stichfesten Nachweis der großen, furchterregenden Katastrophen? Der Pilzfreund stellt klar, dass dies zuweilen eine Sache der Perspektive, manchmal auch eine Sache der Mathematik ist, wenn quasi minus mal minus plus ergibt. Jedenfalls könne nicht außer Acht gelassen werden, dass sich eine der besonders schweren Mutterkorn-Massenvergiftungen in Russland gerade zu jenem Zeitpunkt ereignete, als Zar Peter der Große 1722 soeben mobil machte, um einen Feldzug gegen die Türkei zu unternehmen und einen eisfreien Hafen im Süden zu erobern. Als sich jedoch 20 000 Kavalleristen und ihre Pferde durch verseuchtes Teufelsbrot infizierten, konnte die Invasion nicht stattfinden.

Ein ähnliches Geschick habe auch Napoleon ereilt, dessen Kavallerie sich während des Russlandfeldzuges im Winter 1812/1813 an konfisziertem Roggen vergiftete, wodurch die Niederlage des Korsen beschleunigt wurde. Und noch ein weiteres Mal in der Militärgeschichte – so ist aus gut unterrichteten pilzfreundlichen

Quellen zu hören – hat ein friedliebender kleiner Pilz die Kriegsbegeisterung abflauen lassen: Admiral Nelsons Flotte war im Eifer der Aufrüstung aus zu frischem Holz gebaut; der Gemeine Hausschwamm, Merulius lacrymans genannt, ließ sich diese Gelegenheit nicht entgehen und eine stolze Fregatte nach der anderen vermodern.

Natürlich lässt es der Pilzfreund an dieser Stelle genug sein. Er will niemanden überfordern. Er spart sich den Hinweis auf die Unverzichtbarkeit von Pilzen bei der Herstellung von Bier und Wein oder der Konservierung von Lebensmitteln. Er weiß, dass menschliche Zivilisation, menschliche Kultur ohne Pilzkulturen sich nicht hätte entfalten können. Und er weiß, dass er noch gebraucht wird. Solange es Pilze gibt und solange sie einen Anwalt, einen Verteidiger, einen Beschützer, einen guten Geist nötig haben, wird es auch ihn geben: das Phantom der Pilze.

Warte, warte nur ein Weilchen

Ich bin mit zwei Massenmördern aufgewachsen. Der eine war etwas früher da als der andere. Er war ein hannoversches Original und hieß Fritz Haarmann. Er lockte junge Männer in seine Wohnung und tötete sie in einem Rausch der Wollust. Zwischen 24 und 60 sollen es gewesen sein; Haarmann zerlegte die Leichen fachmännisch und brachte Teile davon unter die Leute. Die Polizei war ihm frühzeitig auf den Fersen, aber statt den Verdacht zu erhärten, machte sie ihn zum Spitzel und sogar zum Detektiv.

Den auf Fritz Haarmann gemünzten Gassenhauer Warte, warte nur ein Weilchen‹, der vom Totmachen und vom Wurstmachen handelte, kannte in und um Hannover in meiner Jugend jedes Kind, auch wenn die Ereignisse da schon einige Jahrzehnte zurücklagen. Abends, wenn wir noch auf der Straße spielten, obwohl es längst dunkel geworden war, sagte meine Großmutter: »Schluss jetzt, kommt rein, sonst holt euch Fritze Haarmann!« Das vertraulich-familiäre »e« hinter dem Vornamen klang besonders bedrohlich, und in der Regel zeigte die Warnung Wirkung. Bald darauf trat ein zweiter Massenmörder in mein Leben. Er hieß Grüner Knollenblätterpilz, manchmal auch Weißer Knollenblätterpilz. Dass er nicht allein zuschlägt, sondern dass es ein kleines, feines Kartell des Todes gibt, lernte ich erst später.

Es war Nachkriegszeit, es herrschte Hunger, aber auf dem Land und zumal in Deisternähe wusste man sich zu helfen. Man nahm alles, was der Wald hergab, von Kastanien und Bucheckern bis zum letzten winzigen Pilz. Selten genug wurde geprüft, was auf den Tisch kam, die Berichte über Pilzvergiftungen nahmen zu und wurden per Mundpropaganda schnell weitergegeben. Als ich mich mit Pilzen zu beschäftigen begann, war die größte Not zwar vorbei, die Warnungen aber waren geblieben. Wer abends, wenn die Dunkelheit kommt, nicht ins Haus geht, den holt Fritz Haarmann, hatte ich gelernt. Und wer beim Pilzesammeln nicht Acht gibt, den holt der Knollenblätterpilz, ergänzte ich. Als ich irgendwann erfuhr, dass Knollenblätterpilze im Jahr 1918 – also zeitlich synchron zu den blutrünstigen Aktivitäten Haarmanns – in Posen 31 Schulkinder ins Jenseits befördert hatten, wurde mir zwar ein bisschen mulmig, aber ich fühlte mich bestätigt.

Dennoch muss ich den beiden Massenmördern dankbar sein. Die Erinnerung an die Moritat ›Warte, warte nur ein Weilchen‹ hat mir viele Lebensjahre später, als die Neugier wuchs, den genauen Hergang der Ereignisse zu erfahren, vor allem durch die Schriften des Haarmann-Verteidigers Theodor Lessing ein hoch brisantes Stück Zeit- und Kriminalgeschichte erschlossen. Und die Warnungen vor dem anderen Massenmörder haben mein mykologisches Weltbild zwar ein bisschen verengt, aber zugleich entgiftet und konturiert. Die Maxime, alles zu vermeiden, was dem Knollenblätterpilz auch nur im Entferntesten ähnlich sieht, wurde zum obersten Gebot einer Pilzsuche.

Da wir den Steckbrief des grünen Massenmörders in prächtiger Ausführung im Bücherschrank hatten, konnten wir uns ein ausgesprochen präzises Bild des Verbrechers machen, und seine Identifizierung fiel uns auch in der freien Natur bald nicht mehr schwer. Die Fahndungserfolge häuften sich. Und wenn er sich noch so viel Mühe gegeben hatte, die bekannten Kainszeichen – grünlicher Hut, weißer Stil, große Manschette, knollige Basis und deutliche Scheide – zu tarnen, wir ließen uns nicht täuschen und machten ihn ausfindig. Den anderen Kartell-Mitgliedern, insbesondere dem Weißen, dem Spitzkegeligen und dem Frühlings-Knollenblätterpilz, erging es nicht besser. Nur der Gelbe Knollenblätterpilz durfte auf eine etwas mildere Form der Strafverfolgung rechnen; seine schwächliche Giftausstattung schien uns größerer Aufregung nicht wert.

Mein Onkel, von dem schon die Rede war, schärfte mit dramatischen Berichten über das berüchtigte Knollenblätterpilzgift Amanitin unsere Aufmerksamkeit und trug erheblich dazu bei, dass anfangs jede Suche zu einem Abenteuerurlaub wurde. Schon der zweihundertste Teil eines Milligramms Amanitin, so ließ er uns wissen, sei ausreichend, um eine Maus umzubringen, ein mittelgroßer Pilzhut würde genügen, um einen erwachsenen Menschen zu töten. Für Kinder seien schon viel geringere Mengen lebensgefährlich, und selbst das Berühren des Pilzes sollten wir tunlichst unterlassen.

Gelegentlich hatte mein Onkel auch einen Presseartikel dabei, in dem über eine erneute Massenvergiftung berichtet wurde. Nicht selten arbeitete er solche Berichte auch in die eigenen Wild- und Jagdgeschichten ein, die in der Heimatzeitung der Gebrüder Hillrichs als journalistische Spezialität gepflegt wurden und die den Erzählungen der berühmteren Brüder an Märchenhaftigkeit durchaus gewachsen waren. Oder er fügte seinen persönlichen Kommentaren einen unterstützenden Satz aus dem Pilzbuch hinzu, von dem wir höchstens ahnen konnten, was er bedeutete, weil er mit Fremdwörtern gespickt war. Das hörte sich dann etwa so an: »In seiner hinterhältigen Wirkungsweise gleicht der Pilz einer Bombe mit Zeitzündung, da die ersten Vergiftungserscheinungen mit einer so genannten Latenzperiode frühestens fünf bis zehn Stunden, durchschnittlich aber zwanzig und bisweilen sogar erst dreißig bis fünfzig Stunden nach der verhängnisvollen Mahlzeit auftreten können.« Dass mein Onkel, wie ich bald erfuhr, allen für uns inszenierten pädagogischen Maßnahmen zum Trotz durchaus eigene Wege ging und beispielsweise den Perlpilz hoch schätzte, obwohl er dem giftigen Pantherpilz zum Verwechseln ähnlich sieht, habe ich mit Verblüffung zur Kenntnis genommen.

Die Pilzwanderungen jedenfalls bekamen auf diese Art und Weise zunehmend etwas merkwürdig Monströses. Die Bildungsfrüchte, denen uns mein Pilzonkel aussetzte, nahmen immer größere Auswüchse an und kamen nicht selten als hochtrabendes Epos daher. Wir erfuhren beispielsweise, dass Nero, der später Rom in Flammen aufgehen ließ, seine Karriere einem giftigen Pilzgericht verdankte, das seine Mutter Agrippina ihrem Gatten Claudius auftischen ließ, weil dieser die Erbfolge zugunsten seines eigenen Sohnes Britannicus auslegen wollte. Damit wäre Nero, Agrippinas Sohn aus erster Ehe, aus dem Rennen gewesen. Mit einem Extrakt aus Knollenblätterpilzen, den die Giftmischerin Locusta angefertigt hatte und der einer Portion der im Mittelmeerraum besonders beliebten Kaiserlinge beigemischt wurde, kam die Sache aus Agrippinas Sicht wieder ins Lot und Nero an die Macht. Weder die historischen noch die verwandtschaftlichen Zusammenhänge allerdings hatten wir damals durchschauen können. Wir reimten sie uns mühsam zusammen und warteten darauf, dem Lehrstoff irgendwann wieder zu begegnen, wenn wir ihm gewachsen wären.

Als es bei mir so weit war, erfuhr ich, dass die Sache sich weit komplizierter abgespielt hatte. Xenophon nämlich, der Leibarzt des Kaisers, der ebenfalls in das Mordkomplott eingeweiht wurde, hatte als zusätzliche Dosis ein schnell wirkendes Gift nachreichen müssen, weil Claudius misstrauisch geworden war, als das Amanitin zu wirken begann. Die als Gegenmaßnahme getarnte Attacke führte dann vollends zum Erfolg. Wegen ihrer verzögerten Wirkungsweise waren Knollenblätterpilze vorzüglich geeignet, die berühmten Vorkoster auszuschalten, die es an den Herrschaftshöfen der Geschichte gegeben hat. Eine solche Institution ließ die üblichen schnell wirkenden Gifte ins Leere laufen, war aber der schleichenden Heimtücke der wohlschmeckenden Knollenblätterpilze logistisch nicht gewachsen. Denn nach deren Genuss passiert zunächst einmal viele Stunden lang gar nichts, bevor das Amanitin seine tödliche Wirkung entfaltet. Auch Neros erster Vorkoster, der Eunuch Halotus, wäre auf diese Weise chancenlos gewesen. Doch auch er gehörte zu den Mitwissern der mörderischen Intrige.

In der Praxis lernten wir die kleinen, unauffälligen Knollenblätterpilze, die nach nichts weniger als nach einem Attentat aussahen, an typischen (Eichenwald) und abweichenden Standorten sowie in allen Formen und in jeglichen Reifestadien kennen. Wir sahen den Grünen, Gelben und Weißen Knollenblätterpilz im Frühstadium, noch in der kompletten Eihülle, in der Blütezeit seines Pilzlebens und als altersschwachen, aber immer noch giftigen Senior. Die frische Luft und das praktische Studium balancierten die kulturgeschichtlichen und pharmakologischen Vorträge noch eine Zeit lang aus, bis sie immer hörsaalartiger wurden und uns zu nerven begannen.

Das wirklich Fatale allerdings war etwas anderes: Den immer größeren Zumutungen an Erkenntnisgewinn standen in frappierendem Maße zunehmend leere Körbe und Beutel gegenüber. Denn Vortrag und praktisches Studium fraßen alle Zeit, die uns gegeben war. Hinzu kam, dass der immer schärfere Blick für die verdeckten Möglichkeiten des Massenmörders Knollenblätterpilz keine Kompromisse erlaubte und uns auch zu völlig ungefährlichen, aber entfernt ähnlichen Exemplaren strikt Abstand halten ließ. Die eigentlichen Edelpilze wiederum wurden uns vorenthalten, weil der Deister sie offensichtlich nur an Stellen wachsen ließ, die man nicht als Fußgänger, sondern nur wie mein Onkel mit dem Jeep erreichte. Und in solche, vermutlich mit Selbstschussanlagen gesicherten, Sperrbezirke nahm er uns niemals mit, was unseren Missmut über die Pilzseminare massiv wachsen ließ. Es war wie im Mittelalter, als Steinpilze zu »Herrenpilzen« wurden, weil sie für das niedere Volk tabu waren und ausschließlich den Tafelfreuden der höheren Stände vorbehalten blieben. »Warte, warte nur ein Weilchen, lieber Onkel«, dachte ich schließlich, als ich das mit den Perlpilzen erfuhr, »irgendwann holt dich der Pantherpilz!«

Nachgeholfen haben wir übrigens nicht. Überhaupt habe ich mich später oft darüber gewundert, dass all die mörderischen Versuchsanordnungen, mit denen wir vertraut gemacht wurden, niemanden von uns auf die schiefe Bahn brachten. Aber es ist ja noch nicht aller Tage Abend.

Seine Majestät, der Steinpilz

Den Weg zum Steinpilz hat mir der Knollenblätterpilz geebnet. Sein Feindbild stand uns Kindern insbesondere durch die Indoktrinationen meines Onkels so klar und so präzise vor Augen, dass wir es jederzeit hätten zeichnen können. Es schreckte uns nicht mehr, aber es war imponierend genug, um dem Knollenblätterpilz weiträumig aus dem Wege zu gehen. Für mich hieß das nach einigen Kompromissen in letzter Konsequenz: auf alles zu verzichten, was Lamellen trägt, und gänzlich in das Lager der Röhrenpilze hinüber zu wechseln.

Das Reich der Röhrenpilze ist für mich das unbestrittene Oberhaus der Pilze. Dass ich um bestimmte Erscheinungsformen dieses Oberhauses einen diskreten Bogen gemacht habe (von der wulstigen, überreifen Marone bis zur miesepetrigen, altjüngferlichen Ziegenlippe) tut dieser Einschätzung keinen Abbruch. Unumschränkter Herrscher, Mittel- und Bezugspunkt, Magnet und Monarch in diesem Oberhaus ist der Steinpilz. Für mich entspricht er dem Steinadler im Reich der Vögel. Macht und Würde sind ihm eigen und jene Verbindung von Herrschaftlichkeit und Schönheit, die es nahe legen würde, das Wort »majestätisch« so zu schreiben, dass das Wort »ästhetisch« darin unterzubringen ist. Dass ich mich regelmäßig hingekniet habe, wenn ich einen oder mehrere Steinpilze gefunden hatte, war aus praktischen Gründen zweifellos sinnvoll, um besonders schonend zu Werke zu gehen. Aber es war mehr, es war ein symbolischer Akt.

Ein König muss nicht den Narren spielen. Er überzeugt durch Souveränität und Gelassenheit. Auch der Steinpilz verzichtet auf jegliche Verrenkung. Er ist weder Schauspieler noch Zirkuskünstler. Da gibt es ganz andere, die aufdringliche Herkuleskeule etwa, die sich bis zu einem Viertelmeter hoch recken und den Kopf einer Kobra nachahmen kann, oder den bräsigen Leberpilz, auch Ochsenzunge genannt, der sich wie ein breiter Fleischlappen an den Stamm von Eichen oder Esskastanien heftet und für seinen blutähnlichen Saft bekannt ist. Auch die Krause Glucke setzt sich auffällig in Positur: Wie ein Badeschwamm oder ein mächtiger Blumenkohl, bis zu fünf Kilogramm schwer, bewacht sie – Jahr für Jahr treu und brav an derselben Stelle – den Fuß von Kiefernstämmen. Nicht zu vergessen die Selbstdarstellungskünste des Tintenfischpilzes, der an warmen Sommertagen, einem kugel- oder birnenförmigen Ei entsprungen, wie eine bizarre Orchidee oder eine rotbeinige Spinne auf Publikum wartet.

Der Steinpilz hat all diese Dinge nicht nötig. Er ist einfach da (wenn denn die klimatischen und Bodenbedingungen für sein Dasein gegeben sind), selbstbewusst und selbstverständlich, ohne Anmaßung und Anstrengung, ohne den Aufwand an Performance, den andere Pilze treiben, und ohne die vielen Utensilien – ob Scheide, Ring, Manschette, Schleier –, die sie zur Entfaltung nötig haben. Wo immer er auftritt, wie immer er aussieht, ob er einen Bauch, einen zu kleinen Kopf, einen verwachsenen Körper hat – der Steinpilz wirkt stets wie maßgeschneidert in seinen Proportionen. So wie er ist, ist er richtig. Es stimmt alles an ihm.

Natürlich verengt sich das Universum der Pilze, wenn man sich auf das Herrschaftsgebiet des Steinpilzes konzentriert. Parasole, Wald- und Wiesenchampignons, Reifpilze, Ellerlinge und viele andere wohlschmeckende Arten aus dem Lamellenimperium haben nie den Weg in meinen Pilzkorb gefunden. Bedauert habe ich das nicht; das reduzierte Risiko und die klare Zielvorgabe waren mir lieber als die große Auswahl.

Das Pilzreich kann schnell zum Labyrinth werden, wenn man sich auf alles einlässt und die eigene Differenzierungsfähigkeit überschätzt. Die wundersame Kunst meines Vaters, sich im Irrgarten der Täublinge auszukennen, habe ich nur zu bewundern, aber nie zu lernen vermocht. Es war für mich unvorstellbar, wie man etwa den gut essbaren rosaroten Apfeltäubling und den gleichfalls genießbaren freudig roten bis gelb glänzenden Goldtäubling einerseits vom zinnober- bis kirschblutroten Moorspeitäubling oder vom lebhaft kirschrosa getönten Kleinen Speitäubling auf der anderen (giftigen) Seite unterscheiden soll, zumal sich letzteren noch der rosarot bis wundrosa daherkommende Birkenspeitäubling, der hellrot bis ocker getönte Grauende Speitäubling und der lebhaft rosa bis karminrot gefärbte Buchenspeitäubling hinzugesellen, ganz zu schweigen vom Bluttäubling, der das gesamte Rotspektrum beherrscht, sowie von weiteren weinrot, purpurrot, trübrot, braunrot oder indischrot eingefärbten Täubling-Varianten.

Wer sich auf das Revier des Steinpilzes festlegt, ist solcher Sorgen ledig. Gefährliche oder unangenehme Verwechslungen sind im Reich der Röhrlinge kaum zu befürchten. Eigentlich musste ich mich bei meiner Fixierung auf den Steinpilz nur in einer sehr speziellen Richtung konzentrieren und einen verfemten, in Acht und Bann geratenen Zweig des Stammbaumes im Auge behalten. Diese dunkle Linie der Familie hat zwar im 20. Jahrhundert durch größere Untaten nicht auf sich aufmerksam gemacht, ist aber immer wieder verteufelt und mit Vorurteilen belegt worden. »Judasschwamm« und »Zigeuner« sind noch die zitierfähigsten in einer langen Reihe volkstümlicher Ruf- und Schimpfnamen, mit denen diese unglückliche Nebenlinie des Steinpilzes bedacht worden ist. Dabei sind ihre Mitglieder nicht nur charaktervolle, sondern auch treuherzige und gesellige Pilze: Wo immer das Königshaus sich versammelt, wollen auch die Angehörigen des in Misskredit geratenen Zweiges nicht fehlen.

Unbestrittener Anführer der ungeliebten Verwandtschaft des Steinpilzes ist der *Satanspilz*. Im Gegensatz zu seinem Ruf als Fürst der Finsternis ist er eine stattliche und farbenprächtige Erscheinung. Sein weißlich-silbergrauer Hut kann über zwanzig Zentimeter Durchmesser erreichen und sitzt als breites Polster, das sich wie Handschuhleder anfühlt, auf dem reichlich kurz geratenen Stiel. Wichtigstes Erkennungsmerkmal sind die anfangs gelben bis gelbgrünen, später karmin- bis purpurroten Röhren, die sich vom Hutfleisch leicht abtrennen lassen und schon bei leichtem Druck auffällige grüne und blaue Flecken zeigen. Der Stil ist meist kugelig-dickbauchig, kann es auf zehn Zentimeter Durchmesser bringen und fällt durch eine rötliche Netzzeichnung auf gelbem Grund auf. Umstritten wie er selbst ist auch seine Wirkung. Tödlich giftig ist er mit Sicherheit nicht. Aber er bleibt gefährlich – ein Pilz für die Augen, nicht für den Gaumen.

Auch der *Flockenstielige Hexenröhrling* gehört zur diffamierten Nebenlinie des Steinpilzes. Der braune Hut mit olivgrünem Schimmer, die roten Röhren, der über gelber Grundfarbe rot getupfte Stiel und das bei Druck oder Verletzung bläuende Fleisch sind typische Erkennungszeichen. Der Hexenröhrling kann den Satanspilz, was Größe und Farbenspiel angeht, noch übertreffen. Aber er kann auch wie von Düsterkeit umwittert daherkommen. Ich habe ihn immer als melancholischen Botschafter des Novembers betrachtet, jenes Monats, der den Trauerflor trägt, wie Erich Kästner es ausgedrückt hat. Das pauschale Stigma »roh giftig« hat ihm lange geschadet. Manche Pilze blieben auch gekocht rohe Gesellen, meinte man über ihn sagen zu müssen. Heute fällt das Urteil milder aus: Er gilt als guter Speisepilz, der aber vor dem Verzehr abgekocht werden sollte.

Der *Netzstielige Hexenröhrling*, ebenfalls eine markante und attraktive Erscheinung, sieht wie der Zwillingsbruder des Flockenstieligen aus. Sein Hut kann – wie der seines Doppelgängers – bis zu zwanzig Zentimeter Durchmesser annehmen, schwankt in der Farbe von gelboliv bis rotbraun und fühlt sich wie Wildleder an. Zu

Unrecht wurde auch er den lichtscheuen Gesellen unter den Röhrlingen zugerechnet, obwohl er sich in hellen Laub- und Nadelwäldern durchaus wohl fühlt. Auffällig ist allerdings, dass er nicht selten sogar im Straßengraben aufwächst, was seinen Leumund endgültig ruiniert hat. Dabei ist er (ausreichend gekocht) durchaus verträglich und wohlschmeckend, roh und zumal in Verbindung mit Alkohol bleibt er bei schwacher Giftwirkung unkalkulierbar. Als weitere Verwandte kommen noch der *Glattstielige Hexenröhrling*, der *Schönfuß-Röhrling* und der *Wurzelröhrling* hinzu, die ebenfalls nur unter Anwendung aller Küchenkunst genießbar sind. Werden sie nicht lange genug gekocht oder geschmort, bleiben sie giftig.

Zur positiven Seite hin hat der Steinpilz eine Fülle von wohlschmeckenden Verwandten, die ich zumal dann, wenn der König sich rar machte, gern mitgesammelt habe. Das reicht vom schlanken, hoch aufgeschossenen Birkenpilz bis zur leuchtenden Rotkappe, vom gelb- oder löwenbraunen Sandpilz bis zum Butterröhrling.

Lehrgeld habe ich in dieser Hinsicht nur einmal bezahlt. In einem besonders nassen Jahr hatte mich der Deister zu meiner Überraschung mit einer Fülle von (wie ich damals meinte) kleinen Steinpilzen beglückt, die vor allem im Nadelwald zu finden waren. Erst als es zu spät war, habe ich gelernt, dass es junge *Gallenröhrlinge* waren, die dem Steinpilz täuschend ähnlich sehen können. Bei ausgewachsenen Exemplaren ist diese Verwechslungsgefahr erheblich geringer. Der Gallenröhrling ist dann deutlich vom Steinpilz zu unterscheiden, weil Hut und Stiel fast immer olivgelb bis schwach bräunlich getönt sind und die rosarote bis fleischfarbene Röhrenschicht polsterartig aufgewölbt unter dem Hutrand hervor quillt. Vor allem aber genügt schon eine winzige Kostprobe, um ihn auf Anhieb zu entlarven. Denn er ist gallenbitter und trägt seinen Namen zu Recht. Entsprechend kräftig spuckte er uns damals in die Suppe, was besonders deshalb peinlich war, weil insgesamt sechs Personen mitgesammelt hatten und mitessen wollten. Meine mühsam erworbene frühe Pilz-Kompetenz war dahin, und die Pizzeria, die wir stattdessen aufsuchten, hat an diesem Abend einen satten Gewinn gemacht. Dass der Gallenröhrling in Mini-Dosen als Gewürzpilz brauchbar sein kann und mit Magermilch abgekocht sogar genießbar ist, wie wir nachlesen konnten, hat uns seinerzeit wenig getröstet.

Wer nach Herren- und Edelpilzen sucht, zu denen der Steinpilz gehört, kommt leicht in den Verdacht, sich über die niederen Dinge – im Wald wie im Leben – erhaben zu fühlen. Vor allem wenn er mit leeren Händen ertappt wird, darf er sicher sein, einiges an Spott und Hohn abzubekommen. Im hannoverschen Raum lief das einmal folgendermaßen ab:

»Schön blöd, hier im Wald herumzulungern! Was suchst du denn, Junge?«

»Ich suche Pilze.«

»Was denn für Pilze?«

»Am liebsten Steinpilze.«

»Die gibt's doch hier gar nicht.«

»Ich habe aber schon öfter welche gefunden.«

»Möchtest du wissen, wo es welche gibt?«

»Klar.«

»Komm mit uns in die Kneipe.«

»Und dann?«

»Dann machen wir eine Steinpilzkur. Ein Steinhäger, ein Pils usw., usw.«

Als mir das passierte, war ich für eine solche Einladung viel zu jung. Die Erfahrung, was es mit einer Stein(häger)-Pils-Kur auf sich hat, habe ich erst Jahre später gemacht, und lediglich der kontinuierliche Kur-Charakter daran hat mich irritiert. Die kurzzeitige Anwendung in der gezielten Einzelfalltherapie dagegen hat mir von Anfang an eingeleuchtet. Vor allem die Verlässlichkeit des flüssigen Pilzganges hat mich beeindruckt. Sie war ein angenehmer Kontrast zu meiner zeitweise sehr entbehrungsreichen, angespannten, um nicht zu sagen platonischen Beziehung zum König der Pilze. Denn bis auf eine Pilz-Safari in der Lüneburger

Heide, die ich nach bis dahin eher kargen Resultaten nur als orgiastische Ausnahme einstufen konnte, hatte mich der Steinpilz in meiner Zeit am Deister nie verwöhnt.

Andererseits ist der König der Pilze immer wieder für Überraschungen in meinem Leben gut gewesen. Nach langer Abstinenz tauchte er urplötzlich auf und war so unmittelbar präsent, dass ihm die Entschuldigung förmlich an den Sporen abzulesen war. Mitten auf dem Weg stand er dann, wenn ich an vieles andere, aber nicht an Pilze dachte, oder schaute schelmisch zu mir herüber, als ich bei einer Aufführung der Deister-Freilicht-Bühne aller Schauspielkunst zum Trotz den Blick zu den Steilhängen des Steinbruchs wandte. Unter einer Holzbrücke in der Steckeschlääfer Klamm im Binger Wald lugte er hervor, als hätte er auf mich gewartet und sich vorher unter dem Steg versteckt. Er hielt Audienz in einem Eichenwäldchen nahe dem Loreleyfelsen, stand frank und frei neben einer Bank auf den Tennisplätzen in Hassloch (Giftpilze gab es dort auch, die spielten auf Platz eins) oder grüßte freundlich vom Rand einer kleinen Kiefernschonung ins Auto, als wir durch den Odenwald fuhren.

Ganz selten ist mir der Steinpilz bisher auf den Wecker gegangen. Dazu habe ich ihn bis zu meinem 50. Lebensjahr viel zu selten gesehen und ihm dennoch die Treue bewahrt. Er war so etwas wie die Fata Morgana meiner Kinderjahre, denn er machte sich unglaublich rar, und er wurde zur Lichtgestalt meines reiferen Pilzlebens.

Schlimm war es eigentlich nur, als der Hunsrück einmal fast explodierte und ich mit prall gefüllten Beuteln, Taschen, Tüten und Körben an prächtigen großen Königspilzen vorbeigehen musste, die allen früheren Lebensprinzipien zum Trotz dort bleiben mussten, wo sie waren. Ich habe mir dann eingeredet, dass sie viel zu alt zum Mitnehmen seien, zumal ich auch bei großzügigster Hochrechnung aller Bedürfnisse von Freunden und Nachbarn keinen weiteren Bedarf mehr feststellen konnte. Außerdem half die Vorstellung, dass Steinpilze ihre Aufgabe nicht damit erfüllen, nur für den Menschen da zu sein. Immer wieder, wenn ich Schnecken, Spinnen, Heuschrecken, Schusterkäfer oder andere Kleintiere in meinem Korb mit nach Haus genommen hatte und später im Garten wieder aussetzte, wurde mir bewusst, wie viele Lebewesen mit Pilzen in Verbindung stehen. Und das größte dieser Lebewesen, der Wald selber, braucht sie am meisten.

Der Steinpilz hat mich für alles entschädigt, was mir an Strapazen, Frustrationen und Peinlichkeiten als Pilzsucher widerfahren ist. Dass das Steinpilzjahr relativ kurz ist und seine Höhepunkte in der schmalen Zeitzone von Ende September bis Anfang November platziert, hat mich dabei noch nie gestört. Den so genannten Sommersteinpilz, den die Pilzbücher als Trost anbieten und der von Mai bis Juli unter Eichen und Esskastanien wachsen soll, habe ich im Übrigen, was unsere Breiten angeht, immer für eine Schimäre gehalten, auch wenn mir Freunde, die in Ungarn Urlaub gemacht hatten, sagenhafte Dinge darüber zuraunten. Im Prinzip gibt es für mich nur zwei Sorten von Wäldern, und beide sind sie von hohem Reiz: der Steinpilzwald und der Steinpilz-Erwartungswald. Solange keine Steinpilze wachsen, schärfe ich den Blick an anderen Pilzen, aber ohne sie anzurühren, und pflege die Hoffnung auf den nächsten Herbst.

Dennoch habe ich mich gefreut, als meine Frau vor kurzem den ultimativen Ganzjahres-Steinpilz entdeckt hat. Eine Liebesgeschichte besonderer Art ist daraus geworden. Es begann nach einer Wochenend-Wanderung im Binger Wald, die wir in der Regel im »Jägerhaus« beschließen. Der rheinhessische Wein ist hier so kühl und das Rahmschnitzel mit Bratkartoffeln so genial hausgemacht wie nirgends sonst. Wenn das Wetter mitspielt, sitzen wir draußen auf der Terrasse und blinzeln talabwärts, dorthin wo der Morgenbach fließt, den man nicht sehen, aber in stillen Momenten hören kann.

Genau so ein warmer, sonniger Tag war das im September 1999. Wir nahmen im Schatten einer Tanne Platz, bestellten das Übliche (siehe oben) und lehnten uns in entspannter Erwartung zurück. Etwas war anders auf der Terrasse an diesem Tag, wir hatten es beide bemerkt, aber es dauerte eine ganze Weile, bis wir herausfanden, was es war. Doch dann passierte es – der Blick meiner Frau fiel auf etwas Braunes zwischen zwei blühenden Oleandern. Und da standen sie, braun, deutlich größer als im Wald, aber zum Anbeißen appetitlich: zwei Steinpilze aus Holz. Meine Frau strahlte erst die Pilze, dann mich an und mir war klar: Dieser Blick hat Folgen!

So war es denn auch: sie stand auf, betrachtete die Pilze aus der Nähe, streichelte das Holz und war auf der Stelle zur Adoption, notfalls auch zur Entführung bereit. Während Pauline unter dem Tisch erste Symptome von Eifersucht erkennen ließ, malte meine Frau sich schon den Platz in unserem Garten aus, an dem sich zwei oder drei dieser Pilz-Prinzen geradezu hinreißend machen würden. Alle Bremsversuche und Hinhaltemanöver meinerseits waren vergeblich. Stattdessen wurde die Kellnerin so ins Kreuzverhör genommen, dass sie nach Rückfrage im Wirtshaus schon beim Servieren der Schnitzel ein Forstamt als Quelle preisgab. Alles andere war eine Frage von Zeit und Organisation. Irgendwann konnte ich drei Geschwister der »Jägerhaus«-Pilze in unserem Garten begrüßen, und dort stehen sie nun wie Ikonen meiner Leidenschaft oder wie verzauberte Zwerge. Es gibt niemanden, den sie kalt und unberührt lassen, und jeder, der sie anschaut, hat keinen Zweifel daran, dass sie Königskinder sind.

Aliens im Anmarsch

Wäre das Fernsehen geworden, was ihm einmal prophezeit und an der Wiege gesungen wurde: eine Art Lagerfeuer der Neuzeit nämlich, um das sich der Kreis der Familie versammelt, dann würde man sich an diesem Lagerfeuer mit Sicherheit die Geschichten von Karlheinz Baumann erzählen. Karlheinz Baumann, den manche auch den »Pilz-Baumann« nennen, gehört einer ganz besonderen Spezies an: dem Lager der Tier- und Naturfilmer.

Fast alle Tier- und Naturfilmer, die ich kennen gelernt habe, sind Besessene. Sie würden wie weiland Jonas in den finsteren Bauch des Wals hinabsteigen, ihre Kamera auf dem Rücken des Tigers installieren und hoch über der Erde im Schwarm von Wildgänsen mitfliegen, wenn das möglich wäre. Viele dieser Besessenen sind im Lauf der Zeit meine Freunde geworden, weil sie unendliche Geduld mit herzhafter Risikobereitschaft und einem tiefen Respekt vor dem genialen Erfindungsreichtum der Natur verbinden.

Die liebenswürdigsten Spielarten von Besessenheit habe ich bei Karlheinz Baumann entdeckt. Seine ingeniöse Art, der Natur ihre Geheimnisse zu entlocken, ist ebenso einmalig wie sein Talent, Geschichten zu erzählen, das an die Qualitäten seiner großen schwäbischen Landsleute Mörike, Hauff und Uhland erinnert. Fast 70 Tier- und Naturfilme hat der ehemalige Kaufmann aus Gomaringen gedreht, und viele von ihnen sind preisgekrönt worden. Um die Giganten im Tierreich, um Elefanten, Löwen oder Krokodile hat sich Karlheinz Baumann dabei nicht gekümmert, es sind die kleinen Helden, denen seine Arbeit vor allem gewidmet ist und deren Eigenarten er mit detektivischem Spürsinn und grenzenloser persönlicher Fürsorge für seine Untersuchungsobjekte ausspioniert.

Kein Wunder, dass sich Legenden und Anekdoten um ihn ranken! Wer nimmt schon sechs Hummelvölker ins eigene Haus auf, lebt mit ihnen ein ganzes Jahr und bringt ihnen neben dem üblichen Zuckerwasser jeden Morgen noch einen Blumenstrauß als Leckerbissen? ›Königin für einen Sommer‹ hieß der Film, der daraus entstand und über seinen leidenschaftlichen Regisseur genau so viel verrät wie über das Leben der pelzigen Brummis.

Ohne Liebe keine Erkenntnis, sagt Karlheinz Baumann, und wer außer ihm hätte jene Merkwürdigkeiten aus dem Tierreich zu Tage fördern können, die seine Filme unvergesslich machen? Etwa die Sache mit der Feldwespe, die ihr Nest an Steinen und Sträuchern baut, es bei Hitze mit Wasser abkühlt und es nach Regengüssen trocknet, indem sie die Tropfen absaugt und über das Nest spuckt. Oder die Vorsorge-Prozedur des argentinischen Baumfrosches, der sich einmal am Tag mit einem eigenen Körpersekret eincremt – als Sonnenschutz, wie Karlheinz Baumann nach endlosen Studien, die andere zur Verzweiflung getrieben hätten, schließlich herausfand. Nicht zu vergessen der Eichelhäher im Ameisenhaufen, der seine Milben loswerden will, oder die Giraffe (einige große Tiere gibt es denn doch im

Opus von Karlheinz Baumann), die einen Ast quasi als Ohropax zum Lärmschutz einsetzt.

Pilze haben eine Schlüsselrolle gespielt – im ersten wie im zweiten Leben des Karlheinz Baumann. Sie haben ihn hinausgelockt in die Wälder der Schwäbischen Alb, ihn schon als Kind fasziniert und dann nie mehr losgelassen. Sie sind Haupt- und Nebendarsteller in vielen seiner Filme geworden und letztlich auch dafür verantwortlich, dass aus dem gut sortierten Tante-Emma-Laden, den er von seinem Vater übernahm und später verkaufte, schließlich eine Art Horrorladen geworden ist. Denn mit wachsender Begeisterung hat sich Karlheinz Baumann den Schleimpilzen zugewandt, den Myxomyzeten. ›Bei Regen erwachen die Monster‹ heißt sein neuestes Werk über eine der ungewöhnlichsten Lebensformen der Erde.

Dem Sensationellen und Spektakulären wollte Karlheinz Baumann entfliehen, jetzt hat es ihn endgültig eingeholt! Unheimliche Akteure, die jedem Science-fiction-Film zur Ehre gereichen würden, hat er aufgespürt und porträtiert: quallenartige Monster, schleimige, ungemütliche, unberechenbare Wesen, milchig trüb, rosarot, dottergelb oder giftgrün, die sich über ihre Umgebung hermachen, um sie zu fressen; wabernde Riesenzellen, die nur darauf warten, dass es nass und feucht wird. Dann marschieren die unscheinbaren Klümpchen und Flecken, die das ungeübte menschliche Auge in der Regel übersieht, aus eigener Kraft los und überfließen, zersetzen, verdauen das, was sich ihnen in den Weg stellt. Schleimpilze weltweit und überall: in deutschen Komposthaufen, amerikanischen Salatbeeten und japanischen Stadtgärten, im tropischen Regenwald und in den Schluchten des Himalaya.

Halb Tiere, halb Pflanzen, so sind die Schleimpilze, wenn sich überhaupt jemand für sie interessierte, meistens beschrieben worden, und doch sind sie keines von beiden. Wie Aliens, Wesen von einem anderen Stern, präsentieren sie sich in der raffinierten Optik Karlheinz Baumanns, die mit 600facher Beschleunigung und extremer Vergrößerung arbeitet. Aber nicht nur im Film, auch im wirklichen Leben können Myxomyzeten Angst und Schrecken verbreiten. Im Frühjahr 1973 kam es in einigen Gegenden der USA zu einem Massenvorkommen von Fuligo septica, einer vorwiegend auf Borke und Totholz siedelnden Schleimpilz-Ausprägung. Fuligo septica, in Form leuchtend gelber Kissen auch in deutschen Wäldern verbreitet, drang in amerikanische Vorgärten ein, erklomm Telefonmasten, eroberte die Schlagzeilen der Tages- und Wochenpresse und schürte Panik in der Bevölkerung. Amerikanische Pilzexperten konnten schließlich das Gerücht, es handle sich um Eindringlinge aus dem Weltraum, widerlegen.

Solche Schleimpilz-Experten sind allerdings nicht einfach zu finden. Man muss sie gewissermaßen mit der Lupe suchen, so wie auch der Pilz selber sein ganzes Geheimnis erst unter dem Mikroskop preisgibt. Schleimpilze sind die unerforschtesten und rätselhaftesten Organismen im Reich der Pilze geblieben, auch wenn sie jeder – ist der Blick erst einmal geschult – im eigenen Garten, auf der Wiese des Nachbarn, unter

Büschen am Wegrand, auf alten Strohballen im Feld, im Laub des Waldes oder auf der Rinde der Bäume entdecken kann. Erst in den letzten Jahrzehnten ist das Wissen über die Myxomyzeten sprunghaft gestiegen. Mitte des 17. Jahrhunderts tauchte erstmals ein Schleimpilz in der wissenschaftlichen Literatur auf, und bis 1800 waren lediglich acht Prozent der heute beschriebenen Myxomyzetenarten bekannt. Bis 1900 waren es ein Drittel, bis 1970 gut die Hälfte, und bis 1980 waren rund 75 Prozent der insgesamt etwa tausend Schleimpilzarten entdeckt und klassifiziert.

Auch das Fehlen deutscher Namen macht die späte wissenschaftliche Erschließung und den mangelhaften Kenntnisstand der Öffentlichkeit deutlich. Einzig Fuligo septica hat es als Gelbe Lohblüte zu einer deutschen Bezeichnung und zu einigen volkstümlichen Beinamen wie Drachendreck oder Hexenbutter gebracht. Das unauffällige Erscheinungsbild vieler Arten, der Wegfall positiver (essbar) und negativer (giftig) Eigenschaften dürfte dazu beigetragen haben, dass die Myxomyzeten niemals richtig populär geworden sind. Die Filme Karlheinz Baumanns sowie eine auf drei Bände angelegte Monografie über Myxomyzeten, die er im Selbstverlag herausgibt, könnten das ändern. Denn wer sich einmal auf den mörderischen Lebensstil, die überraschenden Metamorphosen und die schillernde Ästhetik der schleimigen Wesen eingelassen hat, der klebt fest.

Höchstens handtellergroß kann ein einzelner Schleimpilz werden, aber während eine menschliche Hand aus Milliarden von Zellen besteht, handelt es sich bei den Myxomyzeten um eine einzige Riesenzelle, Plasmodium genannt, die nach jedem Vorstoß kleine Rückzieher macht und für einen Zentimeter eine ganze Stunde braucht. Dafür leistet sie allerdings ganze Arbeit. Der Riesenamöbe sind die biologischen Normen völlig egal. Wenn es notwendig ist, stellt sich die Gallertmasse auch auf Stelzen, klettert gierig an toten Stämmen und Baumstümpfen hoch, attackiert andere Pilze oder stellt, wenn sie genug gefressen hat, bis zum nächsten Regen ihren Betrieb ein. Hat das Glibbermonster dann erneut Feuchtigkeit getankt, macht es sich wieder auf den Weg, umschließt und umzingelt seine Beute, um sie sich in aller Ruhe einzuverleiben. Über selbst geschaffene Schleimsäulen kann sich der Plasmabrei, wenn er Lamellen und Kappe anderer Pilze verzehrt hat, wieder in die Tiefe abseilen, und über ein wie von Geisterhand geschaffenes Adergeflecht kann er in kleinen Pipelines die aufgesaugten Bakterien und Nährstoffe über den gesamten Organismus verteilen.

Die ganz große Stunde der Schleimpilze allerdings schlägt erst, wenn sie sich vermehren und wenn aus der einen plasmodialen Zelle die typischen Fruchtkörper entstehen, die das eigentliche Erkennungsmerkmal der verschiedenen Arten und Varietäten sind. Die schleimige Masse erweist sich dann als eine Art Ursuppe des Lebens, ein unerschöpfliches Kaleidoskop, das eine fantastische Vielfalt von Formen und Farben hervorbringt. Winzige, rund zwei Millimeter große Sporenbehälter werden gebildet: metallisch glänzende oder bunt schimmernde Kügelchen auf feinen Stäbchen, Glühbirnen, die auf Wunderkerzen sitzen, Luftballons am seidenen Faden, bizarre Pusteblumen oder kostbare Perlen, die in den Malkasten eines Künstlers gefallen sind. Jeder Schleimpilz überrascht mit anderen charakteristischen Fruchtkörpermodellen, und wenn dann Wasser, Wind und Insekten die Sporen verteilt haben, beginnt der Zyklus der kreativen Monster von neuem.

Im Wunderland der Pilze hat Karlheinz Baumann deren vielleicht größtes Wunder entdeckt: die Myxomyzeten. Mit den perfekten Möglichkeiten der Kamera hat er ihre schneckengangähnlichen Fort- und Fressbewegungen zu lehrreichen Abenteuerfilmen gemacht und ein großes Publikum dafür begeistert.

Mit Pilzen hat alles angefangen, und jetzt rufen die Pilze Karlheinz Baumann von neuem. Nicht allein die Aliens sind es diesmal, sondern auch die ganz und gar irdischen und jedermann vertrauten Vertreter der Gattung, die ihren Heimatstern längst erobert und fest im Griff haben. Noch einmal und umfassender als zuvor möchte Karlheinz Baumann das Imperium jener Wesen schildern, die ihn dazu brachten, sich als Naturfilmer seine Sporen zu verdienen, und die ihn zu einem der Besten seines Fachs machten. ›Planet der Pilze‹ soll dieses ultimative Werk heißen. Karlheinz Baumann – wir warten!

Heimkehr der Jäger

Käufliche Pilze haben mich noch nie interessiert. Aber natürlich fallen sie mir auf. Die großen Märkte in Nieder-Olm sind leidlich gut sortiert. Die verlässlichsten im Regal, habe ich festgestellt, sind die Champignons. Oft schon abgepackt in Styropor oder Pappe, mit Plastik überzogen und mit einem Preisschild beklebt, sehen sie aus wie in Gefangenschaft. Dann und wann finden sich Austernpilze im Angebot. Im August drohen geballte Ladungen von Pfifferlingen, häufig im Körbchen »aus der Ukraine«, gegen die ich als Staat nichts habe, die die würzigen Pilze aber offenbar in riesigen Mengen auswirft. Wir reagieren zurückhaltend, der Gedanke an Tschernobyl lässt sich nicht so leicht verdrängen.

Eine Reihe von Produkten kaufen wir im Nachbardorf »direkt vom Erzeuger«, auch wenn uns das präpotente Prädikat jedes Mal nervt. Während der Septemberwochen haben wir dort erstmals eine bizarre Zugabe entdeckt: Shitake Pilze. Die liegen wie Lotosblumen im rheinhessischen Exil zwischen heimischen Zwetschgen, Äpfeln, Weintrauben, Kohlköpfen, strammen Fleischtomaten und unseren heiß geliebten Eiern vom freilaufenden Bauern, wie wir sie nennen. Die Shitake Pilze sehen stets aus, als ob sie frieren, passen weder in das rustikale Ambiente des Verkaufsraums noch zum Mienenspiel oder zum hemdsärmeligen Habitus unseres Freiläufers, sind aber offenbar für eine exotische Herbst-Offensive vorzüglich geeignet. Denn unser umtriebiger Bauer scheint mächtig stolz auf seine innovative Gourmet-Ecke zu sein und preist die Shitakes als das außergewöhnlichste Gemüse, das er sich vorstellen kann.

Ich wusste, dass meine Frau irgendwann schwach werden würde. Und tatsächlich bringt sie neuerdings hin und wieder eine Portion davon mit, weil sie sich angeblich in einer herbstlichen Gemüsepfanne recht gut machen. Dies führt unweigerlich dazu, dass ich mich verpflegungstechnisch emanzipiere und auf das Überlebensmenü meiner Junggesellenzeit zurückgreife, im Übrigen das einzige Gericht, das ich kochen kann, wenn das Wort kochen überhaupt darauf anwendbar ist: Frankfurter, Wiener oder Redlefsen-Würstchen auf doppelt belegtem Käsebrot mit Ketchup und Pfeffer. Pauline pendelt dann zwischen den konträren kulinarischen Lagern hin und her und vermeidet allzu offensichtliche Festlegungen, um möglichst von beiden Seiten zu profitieren.

Meine Frau hat die liebenswürdige Angewohnheit, die leichten Anflüge von Schuldgefühl, die der Shitake-Alleingang zu Recht bei ihr zeitigt, anekdotisch zu überspielen und meine Aufmerksamkeit durch etwas ausgesprochen Belangvolles vom Küchen-Schisma abzulenken. Der letzte Vorfall dieser Art begann mit dem Satz:

»Ich habe gerade jemanden getroffen, der promoviert hat.«

»Das heißt: promoviert wurde. Wen denn?«

»Bei Tengelmann.«

»Aha.«

»Willst du wissen, wer es war?«

»Wenn es sein muss.«

»Es war ein Champignon.«

»Sehr witzig. Welchen Titel hat er denn jetzt?«

»Steinpilz-Champignon.«

Ich habe es nicht zugegeben, aber mein Interesse war geweckt. Und in der Tat, als ich kurz darauf für Würstchennachschub sorgte, um für die nächste Shitake-Pfanne gerüstet zu sein, stellte ich fest: Gelegentlich liegen bei Tengelmann neben den weißen Champignons deutlich dunklere im Regal. Das sind dann Exemplare, die sich zusätzlich mit dem Namen eines ranghöheren Pilzes schmücken und dadurch quasi geadelt werden sollen. Sie nennen sich »Steinpilz-Champignons«. Meine Frau hat Recht, da hat offensichtlich jemand promoviert, da bekommt der blasse Allerweltspilz einen Aromatitel und stellt schon in der Auslage einen besonderen Geschmack in Aussicht: herbstlicher, kräftiger, erdiger, waldiger – eben den eines Steinpilzes. Hochstapelei oder Ehrenbezeugung? Wie dem auch sei, wir greifen lieber gleich zum Steinpilz!

Wenn es ein Glückstag war, kommen Pauline und ich im steinpilzreichen Spätherbst mit großen Mengen davon nach Hause. Diese Heimkehr der Jäger ist inzwischen ein fest eingespieltes Ritual. Wir rollen in unseren Carport ein; synchron dazu stürzen meine Frau und meine Tochter aus dem Haus und bemühen sich um ein erwartungsvolles Gesicht. Gleichzeitig studieren sie meine Gesichtszüge, während ich mich wiederum bemühe, durch keinerlei Gemütsregung eine Information über Erfolg oder Misserfolg der Unternehmung preiszugeben. Anschließend hole ich, um die Spannung zu schüren, mit provozierender Langsamkeit die einzelnen Behältnisse aus dem Auto. Sind sie, um bei dem positiven Beispiel zu bleiben, prall gefüllt, applaudiert meine Tochter authentisch. Meine Frau freut sich ambivalent, ihr Blick signalisiert zugleich Bestürzung, wofür im Drehbuch die Sätze vorgesehen sind: »Wer kann denn die alle essen? Und woher soll ich die Zeit zum Trocknen nehmen? Und wie der Hund wieder aussieht!« Dieser Kommentar kann alternativ auch stumm erfolgen, was ihn dann um so wirkungsvoller macht. Ich mache daraufhin regelmäßig auf dem Absatz kehrt, drohe an, wieder wegzufahren und andere zu beliefern, aber in Wirklichkeit möchte ich nichts anderes hören. Mein Stolz ist nicht zu brechen, weil er etwas Archaisches hat: Ich habe es erneut geschafft, meine Familie mit Nahrung, mit hochwertiger Nahrung zu versorgen, und fühle mich auch ohne Fell und Keule glücklich wie in der Steinzeit.

Wenn schönes Wetter ist, tragen wir meinen Fund in den Garten und verteilen die Pilze auf alles, was sich auch nur ansatzweise dafür eignet, sie zur Schau zu stellen: auf den Tisch, die Bänke, die Mauern, hier und da bekommt auch eine Topfpflanze Gesellschaft. Pilz-Skulpturen und Pilz-Denkmäler entstehen. Meine Tochter holt erst ihre Freundin aus der Nachbarschaft zum solidarischen Staunen, dann den Fotoapparat, um das Pilz-Szenario auch für meine Enkel und Ur-Enkel festzuhalten. Danach darf ich mich – das gehört ebenfalls zum Ritual – erschöpft zurückziehen, in dem Bewusstsein, zumindest an diesem Tag für uns alle etwas außerordentlich Sinnvolles und Produktives geleistet zu haben. Ich tue dies um so lieber, weil ich weiß, dass meine Frau ab jetzt – pilzmäßig betrachtet – alles im Griff haben wird und ich insofern absolut überflüssig bin.

Meine Frau macht zunächst einen Pilz-Check: Die verwurmten wirft sie sofort in die »Kruschecke« hinter dichte Sträucher, damit sich vielleicht noch irgendein tierischer Gartenbewohner daran erfreuen kann. Ein Teil wird reserviert für unsere Nachbarn, die inzwischen ausgesprochen begeistert sind von den Rotkäppchen-Auftritten meiner Frau vor ihrer Haustür. In den ersten Jahren überwog die Skepsis. Man erkundigte sich unter anderem vorsichtig nach meinem Beruf, um daraus Rückschlüsse auf die Seriosität und Unbedenklichkeit meines Pilzfundes ziehen zu können. Die Hoffnung, dass ich Arzt oder Apotheker und von daher quasi Fachmann sei, musste ich allerdings enttäuschen. Da alle Nachbarn noch leben und guter Dinge sind, hat sich inzwischen spätestens ab Anfang Oktober eine dezente Hemmungslosigkeit breit gemacht: Ob denn der Binger Wald in diesem Jahr gesperrt sei? Man wolle nicht aufdringlich sein, stehe aber doch im Notfall, wenn die Steinpilzflut einsetze, gern wieder als Wellenbrecher zur Verfügung!

Steinpilze sind für vieles gut. Wenn gerade eine Einladung ansteht, brauchen wir uns mit einem satten Pilzreservoir im Rücken keine Gedanken über die obligatorischen Mitbringsel zu machen. Meine Frau hat außerdem eine blühende Beziehung zu unserer Floristin im Dorf, die immer schon weiß, was anliegt, wenn jemand mit einem Körbchen den Laden betritt. Dann gilt es, ein möglichst originelles Steinpilzarrangement herzustellen, wobei beide Damen, wie ich zugeben muss, beneidenswertes Geschick entwickeln. Auf einem Teller oder einer Schale mit Moos und Zweigen entstehen kleine märchenhafte Pilzlandschaften, gegen die kein Bonsai angrünen kann und die meine Frau abends auf der Autofahrt zu unseren potenziellen Gastgebern umsichtig in einer Schutzzone zwischen ihren Stöckelschuhen platziert. Selbstzufrieden stehen wir dann vor der Haustür und haben bisher ausnahmslos alle begeistert, denen wir solche Prachtwerke präsentiert haben. Dass deren Zerstörung absehbar ist, weil irgendwann das künstlerische dem kulinarischen Interesse unterliegt, hat die Freude aller Beteiligten bisher nicht getrübt. Ich muss auch zugeben, dass wir uns noch nie nach Zeitpunkt und Form des jeweiligen Landschaftsverbrauchs erkundigt haben.

Natürlich bleiben immer noch genug Pilze für uns selbst übrig. Ein beträchtlicher Teil wandert in die Vorratshaltung. Die Begeisterung meiner Frau hält sich dabei in Grenzen. Andere Pilzsammler empfehlen uns immer wieder das Einfrieren, aber abgesehen von der Skepsis, die wir diesem Verfahren entgegenbringen, erübrigt sich hier jede weitere Überlegung, weil wir keine entsprechende Truhe haben. Also bleibt nichts anderes als das Trocknen, das zuvor eine sorgfältige Reinigung erfordert. Anschließend müssen die Pilze in dünne Scheiben geschnitten werden, was erheblichen Zeitaufwand erfordert. Das ist dann auch die einzige Phase, in der meine Frau zu sanftem Tadel neigt. Ihre Präsenz im Heizungskeller ist ja nicht nur am Anfang beim Auslegen, sondern vor allem in den Tagen darauf zum Überprüfen und Wenden der Pilzstücke erforderlich. Zur klassischen Methode – also zum Auffädeln von Pilzgirlanden – kann sie sich nämlich nicht entschließen; dazu ist ihre Abneigung gegen Nadel und Faden einfach zu ausgeprägt. Und auch der zunächst beruhigende und erfrischende Geruch nach Erde und Wald, der sich in der Nähe der zum Trocknen aufgehängten Wäsche ausbreitet, beginnt ihr allmählich auf den Nerv zu gehen. All das stehen wir durch, indem wir an kalte Winterabende und köstliches Geschnetzeltes mit Steinpilzen denken, die nicht käuflich waren. Außerdem genießen wir es, unsere Freunde mit dem einen oder anderen Glas Trockenfutter beglücken zu können.

Die schönsten Exemplare sind allerdings für den aktuellen Genuss bestimmt. Sie landen für eine Übergangszeit auf der Arbeitsplatte unserer Küche. Da liegen sie dann, einer schöner als der andere, und meine Frau arrangiert zunächst eine Art Königspilz-Collage: die großen hinten an die Fliesen gelehnt, davor die mittleren und kleinen, das Ganze nicht in Reih und Glied, sondern zwanglos lebensecht wie auf dem Pausenhof einer Pilz-Zwergschule. Und dann schaut sie – stelle ich mir vor –, atmet tief durch und findet, dass man eigentlich keinen von diesen wunderbaren Waldwichteln essen dürfe. Besonders die Vater-Mutter-Kind-Symbiosen haben es ihr angetan. Ich bin sicher, dass sie bis ganz zum Schluss zusammen bleiben dürfen. Erst wenn alle anderen ans Messer geliefert sind, müssen auch die Gruppen der Geeinten dran glauben – nicht ohne einige begleitende Seufzer meiner Frau, die ich deutlich höre, auch wenn ich gar nicht dabei bin. Die Winzlinge in der Beute zerteilt sie nicht, damit wir sie später beim Essen wieder erkennen und individuell genießen. Mehr, meint meine Frau, könne sie leider in diesem Stadium nicht für sie tun.

Am Ende triumphiert der Appetit über alle Ästhetik. Aber eigentlich stimmt das nicht, eigentlich wird der Genuss nun erst recht ganzheitlich, denn nachdem Herz und Kopf beglückt sind, können jetzt auch Gaumen und Magen kompetent beteiligt werden. Die bewährte Beerdigungsformel, die Pilze im Lauf der Kulturgeschichte so oft wirksam werden ließen, wird gerechterweise dann auf den Verursacher selber angewandt: Wir werden ihnen ein ehrendes Andenken bewahren – je besser es schmeckt.

Wenn ich nach meinem freiwilligen Rückzug wieder auftauche, erfolgt die Standardfrage meiner Frau, wie ich denn die Pilze gern hätte? Einfach mit Butter, Zwiebeln und frischem Brot? Oder mit Sahnenudeln? Oder mit einem Steak? Die Antwort ist bekannt, denn zumindest wenn die Frage zum ersten Mal im Jahr an mich gerichtet wird, entscheide ich mich unbeirrt für die scheinbar schlichte Variante. Da stört kein Fleisch, keine Soße lenkt ab, kein anderes Gemüse mischt sich dazwischen. Was bleibt, ist der reine königliche Pilzgenuss, die wenigen Zwiebeln konspirieren genial mit dem waldigen, würzigen Aroma, das Brot legt den Pilzen den Teppich aus, es ist, als hätte die Natur selber gekocht. Fast am liebsten mag ich die weißen Scheiben des Stiels. Sie haben eine eigenartige Festigkeit und eine seltsame Süße, die den Steinpilz vom eindimensionalen Geschmack anderer Sorten markant und unverwechselbar abhebt. Es gibt kaum etwas, das er nicht adelt, fördert, belohnt, akzentuiert. Ganz klein gehackt macht er sich mit Kräutern auf geröstetem Weißbrot ausgezeichnet als Bruschetta, aber auch zu Nudeln mit viel Sahne esse ich ihn ausgesprochen gern, zu Wild passt er ohnedies glänzend. Die Steinpilzpalette meiner Frau ist überschaubar, aber unschlagbar.

Einige Seitensprünge sind allerdings einkalkuliert und haben stets dasselbe Ziel. Wir erreichen es, wenn wir auf üblichem Weg in mein Pilzrevier fahren, dann aber nicht nach rechts in Richtung Wald, sondern nach links in Richtung Zivilisation abbiegen, in eine Haarnadelkurve abtauchen, die nächste Kurve nach links wieder verlassen, bis eine mächtige Burganlage vor uns liegt: die Stromburg. Darin befindet sich ein Restaurant mit legendärem Ruf und einer astronomischen Ausbeute an Sternen und Kochmützen. Johann Lafer, der Burgherr, kennt die kulinarischen Königswege, die die häusliche Küche für einen Abend vergessen machen. Selbstverständlich essen wir ausschließlich Steinpilz, vier Gänge lang, eine Art geheime gastronomische Chefsache, die nicht auf der Karte steht:

Carpaccio von Steinpilzen in Walnuß-Vinaigrette
mit Rucola-Salat

Steinpilzessenz mit Sellerie-Maultaschen und
Zitronenthymian

Steinbutt und Steinpilze mit Champagner überbacken

Medaillons vom Soonwald-Rehrücken im Steinpilz-Crêpe
mit Preiselbeerjus und Rotkraut

Der Himmel ist offen

Etwas war uns immer schon aufgefallen. Wir hatten es nur nicht einordnen können. Wenn ungewöhnliche Flugobjekte am Horizont auftauchten, legte Pauline ein merkwürdiges Verhalten an den Tag. Wo immer wir uns auch befanden – ob in Südtirol, im Alzeyer Hügelland, ob am Strand auf Sylt oder an der französischen Atlantikküste: Pauline war irritiert, wenn etwas geräuschlos schwebend daherkam und weder als Vogel noch als Flugzeug zu identifizieren war.

Die meisten Verhaltensstudien dieser Art haben wir natürlich vor der eigenen Haustür, das heißt auf unseren täglichen kleinen Runden durch die Weinberge um Nieder-Olm herum treffen können. Die schweren Brummer, die hier im Anflug auf Frankfurt bei Ostwind ihre Warteschleifen fliegen und den Süden von Mainz unter einen Lärmteppich pressen, haben Pauline nie etwas ausgemacht. Es schien sie eher zu beruhigen, dass diese Objekte so eindeutig Laut gaben. Hochgradig irritiert aber war sie, wenn etwa ein Zeppelin hoch über Mainz am Himmel schwebte, wobei es wahrscheinlich nicht die penetrante Werbeaufschrift gewesen sein dürfte, die die auffällige Reaktion nach sich zog, denn prinzipiell haben wir uns der Auffassung angeschlossen, dass Hunde nicht lesen können, wobei nüchtern festzustellen ist, dass dies im konkreten Fall noch nicht bewiesen wurde.

Im Laufe der Zeit kamen weitere einschlägige Beobachtungen hinzu: Auch die Seilbahnen in den Schweizer

Alpen, ein Segelflugzeug über den Eifel-Maaren, die bunten Drachenflieger von Altaussee – all das waren Mosaiksteine, die wir zu einem Puzzle zusammenfügten, und am Ende kam als Zwischendiagnose heraus: Alles, was geräuschlos fliegt, macht Pauline Angst.

Dies wäre weit weniger schlimm, wenn es im rheinhessischen Weinland noch Deckungsmöglichkeiten gäbe. Denn Pauline hatte bald heraus, dass es in ihrem Einflussbereich liegt, den eigenen Sehstrahl so zu lenken, dass er die unangenehmen Objekte nicht erfassen muss. Möglicherweise ist ihre Mutter oder ihr Vater im Haushalt eines Physiklehrers oder eines Optikers aufgewachsen. Jedenfalls tat sie bald alles, um den Blickkontakt zu den Ufos, wie wir sie aus Solidarität zu Pauline nennen, abzubrechen, wenn diese ihr nicht durch eine freiwillige Richtungsänderung selbst zuvorkamen. Die rheinhessische Landschaft ist aber so konstruiert, dass sie lediglich als Kulisse von Juni bis November aufgebaut wird, um die Weinernte unter Dach und Fach zu bringen und einen guten Eindruck auf die Trauben-Touristen zu machen. Ist das Weinlaub verdorrt, steht die baumlose Landschaft wie ein abgetakeltes Theater ohne Bühnenbild da, und die entgrünten Plantagen sehen aus wie Kriegsgräberstätten, auch wenn an den Kreuzen die Querbalken fehlen. Der Himmel ist offen, und die Landschaft ist ausgeräumt.

Dennoch hielten sich um Nieder-Olm herum eine Zeit lang ein paar letzte grüne Ecken, Winkel, Wiesen und Wege, um unabhängig von den Winzerkulissen den

Hund auszuführen, aus diesen oder jenen Gründen in Deckung zu gehen und nach versprengten Pilzen zu gucken. In der Tat, es gab sie: schmackhafte Anis-Egerlinge, sogar in Hexenringen, ab und zu auch ein paar Butterpilze im feuchten Gras, zottige Schopftintlinge, die immer so aussahen, als warteten sie auf das nächste leere Tintenfass, und hier und da verschiedene Sorten von Stockschwämmchen. Aber damit ist es vorbei. Seit etwa einem Jahrzehnt mache ich meine Spaziergänge auf diesem Terrain, und Jahr für Jahr werden meine Beobachtungen deprimierender. Hier ein Stück Hecke weniger, wenn es sie überhaupt noch gab, dort ein paar Reihen Pflaumenbäume gerodet, damit noch ein bisschen mehr Weinland da ist, eine letzte Zeile mit prächtigen alten Kirschbäumen umgepflügt, um jungen Exemplaren mit Früchten in Pflückhöhe Platz zu machen. Wo einmal ein Stück Grasweg war, fand sich im nächsten Jahr nur noch Acker. Und auf den wenigen Plätzen, die noch etwas Abgeschirmtes hatten, standen plötzlich ausgemusterte landwirtschaftliche Geräte und rosteten vor sich hin. Selbst Karnevalswagen wurden auf diese Weise entsorgt. Und wo ein paar störende Gehölze nicht von selbst weichen wollten, wurde ein ausrangierter Traktor-Anhänger hineingefahren, um den letzten Rest Natur zum Aufgeben zu bewegen.

Die Landschaft, die uns schon früher wie ein von Frühsommer bis Spätherbst aufgehängtes Transparent vorkam, ist nun endgültig transparent geworden. Nicht erst im November, wenn das Laub von den Bäumen gefallen ist, kann man durch sie hindurchgucken, sondern mittlerweile das ganze Jahr. Irgendjemand muss das Wort »Rheinhessen« missverstanden und freie Sicht bis Hessen gefordert haben. Den Pilzen hat das den Rest gegeben, für die letzten Feldhasen ist dies tödlich, und auch auf Paulines Möglichkeiten, sich zu verstecken, hat es dramatische Auswirkungen. Es gibt kaum noch Chancen, den Blick vom Himmel und den Dingen, die dort auftauchen, abzuwenden.

Im gleichen Zeitraum, der aus einer mit Naturinseln ausgestatteten Kulturlandschaft einen Industriepark gemacht hat, nahmen die schwebenden Flugobjekte über Nieder-Olm dramatisch zu. Der Grund: Von der Nachbargemeinde Zornheim aus machen sich immer mehr Montgolfieren auf den Weg, angefüllt mit Menschen, die das, was unter ihnen dahingleitet, für eine Landschaft halten.

Am 26. April 1999 überschlugen sich dann die Ereignisse. Als ich mit Pauline gerade die ersten Schritte in die Weinberge gemacht hatte, bewegte sich eine riesige Montgolfiere im Schneckentempo in so niedriger Flughöhe über uns hinweg, dass man sie hätte greifen können. Sie verdunkelte die Sonne und kam daher wie ein archaisches Monstrum. Pauline geriet in Panik und hat diese phobischen Symptome seitdem nicht mehr abgelegt. Sie geht eigentlich nur noch im Morgengrauen oder nach Einbruch der Dunkelheit aus dem Haus, und ansonsten müssen wir unerhört viel Aufwand treiben, um Gelegenheit zur Regelung ihrer Geschäfte zu finden. Am liebsten verlässt sie das Haus nur noch, um ins Auto zu steigen und sich dorthin chauffieren zu lassen, wo es Wälder und Pilze, aber keine Ufos gibt.

Das mit den Ufos ist natürlich nicht richtig. Ich bin vielmehr der Meinung, dass Pauline die bedrohlichen Flugapparate sehr wohl identifiziert hat, wenn auch – jedenfalls aus menschlicher Sicht – völlig falsch. Nach meinen lückenhaften Kenntnissen der Evolution gab es in längst vergangenen Zeiten unserer Naturgeschichte ein kurzes Stadium, in dem sich die Entwicklung umkehrte. Ein großes Landraubtier, das wie ein Hund aussah, ging ins Meer zurück, und aus ihm entstanden dann Walfische und Delphine, mit denen uns mehr verbindet, als wir gemeinhin annehmen. Der Grund für diese Flucht ins Meer ist nicht bekannt. Irgendwie bin ich zu der Überzeugung gelangt, dass die Hunde sich gegen die riesigen Flugsaurier nicht durchsetzen konnten. Die Angst vor den Sauriern, den lautlos schwebenden Mordmaschinen am Himmel, muss deshalb auch Pauline ins Blut geschrieben sein. Dies ist meine Hypothese. Wenn ich einmal einen charismatischen Tag habe, werde ich sie auch meiner Frau vortragen, obwohl ich mittlerweile erfahren musste, dass der Gang ins Wasser vor fünfzig Millionen Jahren stattfand, als es nach geltender wissenschaftlicher Lehrmeinung gar keine Flugsaurier mehr gab. Riesenvögel, immerhin, mag es vielleicht noch gegeben haben, Riesenpilze gewiss auch.

Aber unabhängig davon, ob die Hypothese zutrifft oder nicht – die Grenze unserer Ungemütlichkeitstoleranz ist erreicht. Und der Binger Wald, der Ort, wo die großen, wenn auch nicht riesigen Pilze wachsen, ist durch all diese Ereignisse auf unserer seelischen Landkarte noch einmal ein großes Stück näher gerückt. Dreißig Autominuten ist er von uns entfernt, zu viel für einen Tagesausflug eigentlich. Aber doch nur ein Katzensprung, wenn man all den Dingen entgehen möchte, die uns die Weinberge um Nieder-Olm herum unerträglich gemacht haben. Dass jetzt durch die Schwundstufe einer Landschaft noch eine Straße gebaut wird, die soundsovielte Tangente mit soundsoviel Vorzügen für einen noch besser fließenden Verkehr, hat unsere Fluchttendenz endgültig besiegelt.

Wir gehen nicht ins Meer zurück. Aber wir gehen noch häufiger in die Wälder. Und da wir unser Haus nicht mitnehmen können, werden wir vielleicht am Waldrand ein neues bauen. Vom Fenster aus werden wir keine Flugsaurier, aber vielleicht Steinpilze sehen. Und das genügt uns.

Literaturhinweise

Büchner, Georg: Woyzeck. In: Werke und Briefe, München 1980 (dtv Weltliteratur, Bd. 2065).

Dähncke, Rose Marie; Dähncke, Sabine Maria: 700 Pilze in Farbfotos, Aarau/Stuttgart (AT Verlag) 1979.

Hildesheimer, Wolfgang: 1956 – ein Pilzjahr. In: Lieblose Legenden, Frankfurt/M. 1962 (Bibliothek Suhrkamp, Bd. 84).

Kell, Volkbert: Giftpilze und Pilzgifte, Lutherstadt Wittenberg (Ziemsen Verlag) 1991 (Die neue Brehm-Bücherei, Bd. 612).

Kothe, Erika; Kothe, Hans: Pilzgeschichten. Wissenswertes aus der Mykologie, Berlin (Springer Verlag) 1996.

Neubert, Hermann; Nowotny, Wolfgang; Baumann, Karlheinz: Die Myxomyzeten, Gomaringen (Karlheinz Baumann Verlag) 1993 (Bd. 1) und 1995 (Bd. 2).

Zeitlmayr, Linus: Knaurs Pilzbuch. Das Haus- und Taschenbuch für Pilzfreunde. Mit 70 Pilzdarstellungen von Claus Caspari, München/ Zürich (Droemer Knaur) 1955.

Kleine Philosophie der Passionen

Heiner Geißler

Bergsteigen

dtv 20039

»... ein anekdotischer Querschnitt aus dem Bergtagebuch eines liebenswerten Exzentrikers: gleichzeitig eine Standortbestimmung des modernen Bergsteigers, der die Berge braucht, damit er die Zivilisation da drunten ertragen kann.«

Süddeutsche Zeitung

»Bergsteigen ist ein Abenteuer. Es gehört wahrscheinlich zu den letzten großen Abenteuern, die heute auf der Erde noch möglich sind. Es ist eine immer wieder faszinierende körperliche und seelische, geistige und charakterliche Herausforderung. Es ist, wie gesagt, Leistungssport in wilder und schöner Landschaft, in unmittelbarer Berührung mit der Erde und ihren Pflanzen, mit Fels und Eis in ständiger Abhängigkeit und Beobachtung von Sonne und Mond, den Sternen, dem Wetter, den Wolken am Himmel. Es fordert Können, Umsicht, Solidarität, Moral und Beherrschung der Technik, aber es sollte ein Abenteuer sein, das das Leben schöner macht und nicht vernichtet.«

»Man erfährt viel in diesem kleinen Buch: über das Bergsteigen – und über den Menschen Geißler. Ein guter Tip für Bergfreunde und Politikinteressierte.«

Westfälische Nachrichten

Kleine Philosophie der Passionen

Peter Würth
Gärtnern
dtv 20036

»Ein Garten ist ein schreckliches Wesen: vereinnahmend, herrschsüchtig, kostspielig, rücksichtslos, eitel, prätentiös und egozentrisch. Trotzdem verehrt ihn der passionierte Gärtner abgöttisch.«

»Ich liebe meine Frau. Und ich liebe unseren Garten. In dieser Reihenfolge. Eindeutig. Bei meiner Frau bin ich mir über die Rangfolge nicht immer ganz so sicher. Wenn sie von der Arbeit nach Hause kommt, ist sie müde und abgespannt, braucht Erholung. Das ist mehr als verständlich. Sie schließt dann die Türe auf, ruft mir ›Hallo Schatz‹ zu und geht in den Garten. Kein Kuß, keine Frage, wie es mir geht, nichts. Sie setzt eben Prioritäten: Wenn bei mir nicht alles in Ordnung wäre, hätte ich sie sicher schon im Büro angerufen. Außerdem bin ich erwachsen und selbständig. ›Ihr‹ Garten aber braucht sie. Er wartet den ganzen Tag lang auf sie, wartet darauf, gewässert, gedüngt, von Unkraut befreit zu werden. Ich kann ja selbst für mich sorgen, einkaufen gehen und mir etwas zu essen machen.«

»Ein lesenswertes und charmantes Buch – auch zum Verschenken. Statt Blumen.«
Bild am Sonntag

Kleine Philosophie der Passionen

Gabriele von Arnim

Essen

dtv 20215

»Gabriele von Arnim macht Lust aufs Essen, auf das Nachdenken über Essen, auf die Zeit vor und nach dem Essen – sie macht Lust auf Genuß.«
Geniessen & mehr

»Mit dem Frühstück beginnt man den Tag, und die Malaise beginnt schon mit dem Wort. Allein um es auszusprechen, muß man die Lippen so unsinnlich geschürzt und gespitzt verwölben und einen so unerquicklichen Zischlaut ausstoßen, dem unmittelbar ein hinten im Mund, aber noch nicht im Hals angesiedeltes Keckern zu folgen hat, daß einem der Appetit glatt vergehen könnte. Es ist ein häßliches Wort, das einen häßlichen Mund macht, wenn man es sagt. Ein Wort so ganz ohne Fülle und Laszivität, bei dem man nicht vor-, nicht hin- und schon gar nicht nachschmeckt. Früh-Stück, wer will schon in der Frühe ein Stück zu sich nehmen. Das klingt doch ganz nach harter Kante, nach müdem Draufherumgekaue, nach perfekter Lustlosigkeit.

Ich brauche ein Frühstück. Nicht irgendeins, sondern das richtige. Und genau da beginnt mein Problem. Denn ich weiß nie, wann welcher Geschmack der richtige ist. Und wenn ich falsch schmecke am frühen Morgen, dann ist der Tag gelaufen für mich. Ich spüre es sofort auf der Zunge, im Hals, in der Seele, wenn der erste Biß am Morgen nicht stimmt. Panik zieht ein. Denn ich weiß: Es gibt keine zweite Chance für den ersten Biß.«

Kleine Philosophie der Passionen

Elfriede Hammerl
Hunde
dtv 20037

»Es war einmal ein kleiner Hund, der nahm sich einen Menschen. Der Mensch war weder auffallend schön, noch auffallend klug, aber der kleine Hund beschloß, ihn für etwas Besonderes zu halten. Unermüdlich beschäftigte er sich mit ihm. Der Mensch lernte, hinter der Zeitung hervorzukommen und dem Hund zu folgen. Gemeinsam zogen sie durch die Welt. Die Welt lag im wesentlichen zwischen Hauptstraße und Kirchplatz. Schnee säumte die kahlen Äste der Bäume am Straßenrand. Von den gefrorenen Feldern grüßten heiser die Krähen herüber. Der kleine Hund führte seinen Menschen zum Bäcker, wo es nach warmem Brot roch.
Der kleine Hund wartete vor dem Bäckerladen, bis sich sein Mensch Brot gekauft hatte, das er zu seiner artgerechten Ernährung brauchte. Er selber gönnte sich inzwischen eine Nase voll von den Düften, die aus der Fleischhauerei herauswehten ...«

»... so erfrischend hundenah, als hätte ihr ein Hund jede Zeile diktiert.«
Kronen-Zeitung

Kleine Philosophie der Passionen

Renate Just

Katzen

dtv 20095

»Lesespaß pur«
Abendzeitung

»Wie unterschiedlich die kätzischen Mitbewohner auch sein mögen: Sie verstehen sich in ihrer Behausung auf hervorragend dekorative Selbstarrangements. Sie thronen in ägyptisierender Statuenhaltung auf einem Fensterbrett wie auf einer Konsole. Sie plazieren sich als gemütliches Fell-Ei mit untergeschlagenen Pfoten zwischen farblich passende Kissen, lagern wie die Sphinx persönlich mit parallel vorgestreckten Vorderbeinen auf einer Steinmauer oder kringelförmig leise schnarchend mitten auf der Schreibtischplatte, jede Menschenarbeit daselbst blockierend, bis sie die Augen aufklappen, riesengroß, oder spitzzähnig gähnen, einen Buckel machen, die Vorderbeine durchdrücken und sich zum Absprung entschließen.«

»Eine amüsante Liebeserklärung an all die Stubentiger, die auf unseren Sesseln thronen, in unseren Vorhängen schaukeln und uns in Schmuselaune versetzen.«
Neue Post

Kleine Philosophie der Passionen

Burkhard Spinnen
Modelleisenbahn
dtv 20217

»Die Geschichte einer komplizierten Leidenschaft, die mit einem weihnachtlichen Desaster beginnt und Jahre später umso heftiger ausbricht. Ein kleines Buch über Besitz und Verzicht, Besessenheit und Einsamkeit.«
Tagesspiegel

»›Ich interessiere mich doch gar nicht für Modellbahnen. Ich bin hier, um zu recherchieren. Ich bin ein seriöser Autor, der die Welthaltigkeit seiner Literatur überprüft. Jedenfalls will ich einer sein. Und ansonsten brauche ich keine Modellbahn!‹
›So?‹ sagte der Dämon. ›Das glaubst du also?‹ Wie von ungefähr balancierte er plötzlich eine Schnellzug-Lokomotive vom Typ S 10 auf der Handkante. Und als er mit seinem kleinen Finger ihren Stromabnehmer berührte, da drehten sich die Räder, die filigranen Treib- und Kuppelstangen bewegten sich wie die Arme eines Marathonläufers, und aus dem Schornstein kam wunderbar weißer Rauch. ›Schön, nicht wahr?‹ sagte der Dämon. ›Das muß man doch zugeben.‹ ›Nein‹, antwortete ich heiser, ›das muß man keineswegs!‹ – und dabei wußte ich schon, daß ich log. Denn es hatte mich gepackt. Und zwar mit aller Macht.«

»Burkhard Spinnen bekennt sich in seinem selbstironischen Essay zu einer Obsession, die Sinnbild für die Sehnsucht nach heiler Welt ist.«
Schweizer Illustrierte

Kleine Philosophie der Passionen

Christiane Grefe
Reisen
dtv 20163

»Ein Büchlein, das auch Reisemuffel zum Schmunzeln bringt.«
Augsburger Allgemeine

»Meine Reisetasche heißt Heimat. In dieser strapazierten, mit jeder Fahrt ein wenig mehr abgewetzten, die vorgeschriebene Kilozahl für Fluggepäck nie überschreitenden, jederzeit überallhin transportierbaren Heimat fühle ich mich zu Hause. Im Wortsinn unbeschwert. Ohne Ballast, damit der Ballon wieder aufsteigen kann ...«

Was Christiane Grefe auf Dienst-, Urlaubs- und Abenteuertouren widerfährt, wird Reiselustige an Selbsterlebtes erinnern und zum Philosophieren über die geteilte Passion anregen. Sogar Reisemuffel können sich gefahrlos an tragikomischen Anekdoten von Hotelbar-Bekanntschaften und Zugbegleitern, von Urlaubsknatsch und Orientierungsproblemen, von Notquartieren und Luxusabsteigen delektieren. Die Autorin muß trotz oder wegen aller Widrigkeiten bald wieder aufbrechen, egal ob nach Bitterfeld oder Sansibar. Denn nirgendwo ist es schöner als – unterwegs.

Kleine Philosophie der Passionen

Karl Forster
Segeln
dtv 20038

»... mit einem Wirbel an Erinnerungen und Episoden, gefühlsam, lyrisch, komisch ...«
Süddeutsche Zeitung, München

»›Kurs liegt an.‹ Ein häßlicher Moment. Es ist 2 Uhr morgens, die Nacht hat keine drei Stunden gedauert, weil wir wieder nicht in die Kojen gekommen sind. Und jetzt bin ich also dran. Es sind immer die ersten fünf bis zehn Minuten, in denen man heftig darüber nachdenkt, warum man sich das antut. Warum man auf einer 13-Meter-Yacht nächtens durch das Mittelmeer eiert, nur um irgendwann in irgendeinem Kapheneion einen ›Metrios‹ zu trinken, diesen halbsüßen, heißen, starken, kleinen griechischen Kaffee, den die Türken natürlich einen türkischen nennen.

Nun, die ersten Minuten sind vorbei. Das Auge hat sich an die Dunkelheit gewöhnt. Der Körper bewegt sich im Rhythmus des Schiffes. Man beginnt wieder, eins zu werden mit dem Meer, das uns seinen Willen aufzwingt. Und es wird dabei kräftig unterstützt vom Wind. Wenn die beiden nicht wollen, dann kann kein Mensch dagegen an. Wobei es, und das könnte mit ein Grund sein, warum man sich so etwas immer wieder antut, durchaus Möglichkeiten gibt, Meer und Wind ein bißchen auszutricksen. Man nennt das Segeln.«

»Karl Forster gilt als ungekrönter König der Ägäis und vermittelt glaubwürdig und unterhaltsam, daß es auf dem Boot nicht nur feucht, sondern auch fröhlich zugehen kann.«
Thomas Grasberger in der AZ

dtv

Kleine Philosophie der Passionen

Thomas Karlauf
Wein
dtv 20216

»Der wahre Weinfreund lebt in einem fortwährenden Zwiespalt: trinken oder nicht trinken, und wenn ja, wann? In einem guten Keller – 500 bis 1000 Flaschen, angelegt auf eine Trinkdauer zwischen drei und fünfundzwanzig Jahren – reduziert sich das Problem auf ein paar Einzelflaschen, der Rest ergibt sich aus der Logistik des Nachschubs. So weiß ich seit Jahren, welche Flaschen zur Jahrtausendwende dran glauben müssen, und es beruhigt mich, daß auch bereits für meinen 75. Geburtstag gesorgt ist. Ein Problem freilich habe ich noch nicht gelöst. Wenn ich noch selber alles austrinken will, werde ich eines Tages aufhören müssen, neue Kisten zu bunkern. Da ich jedoch nicht weiß, an welchem Tag ich das Glas für immer aus der Hand gebe, trinke ich meinen Vorräten lieber eifrig hinterher, als daß ich Gefahr laufe, im Alter auf dem Trockenen zu sitzen, vertraue im übrigen auf meinen Hausarzt und vermache den Rest meinen Erben.«

»Auf sehr unterhaltsame Weise erzählt Thomas Karlauf von seiner Passion, dem Wein, stellt seinen bevorzugten Weinhändler und seinen Lieblingswinzer vor, lädt auch zu einem kulturhistorischen Exkurs in die wunderbare Welt des Weins ein. Eine Welt, die voller Geheimnisse ist, viele Freuden bereithält – zuweilen aber auch Leiden.«
Berliner Morgenpost

Der Reichtum der einfachen Küche

Wer sich nach ursprünglichen und preiswerten Gerichten sehnt, die zudem noch leicht nachzukochen sind, kann sich mit diesen Rezepten aus sechs beliebten Urlaubsländern verwöhnen oder verwöhnen lassen.

Eva Gesine Baur,
Irène Furtwängler
Italien
dtv 36040

Eva Gesine Baur
Frankreich
dtv 36041

Eva Gesine Baur,
Anuschka Seifert
Spanien
dtv 36042

Eva Gesine Baur,
Monika Arndt
Deutschland
dtv 36043

Eva Gesine Baur,
Renate Zeltner
Österreich
dtv 36044

Eva Gesine Baur,
Beat Wüthrich
Schweiz
dtv 36045

»Eine wunderschöne Reihe – und fast ein Muß für alle, denen Essen mehr bedeutet als satt werden.«

Deister- und Weserzeitung

»Eine wichtige Buchreihe für Genießer: Wer sich in der einfachen Küche nicht gut auskennt, wird es in der feinen erst recht zu nichts bringen.«

Peter Ploog, Chefredakteur von 'essen & trinken'

dtv